不安定からの発想

佐貫亦男

講談社学術文庫

目次

不安定からの発想

安定序説――安定に埋没するよりも積極的な制御へ

安定とはなんと響きのよい言葉であろう。安定した生活、安定した会社、安定した政体などと、いくらでも修飾される語は接続でき、そのたびごとに美しいビジョンに満ち満ちていく。

ところが現実の世界はぜんぜん安定していない。生活は不安定、会社はさらに不安定、政体などはいまにも転覆するばかりに傾いて走行していく。皮肉な表現をすれば、安定しているものは月給ばかりといっても過言ではなく、ついで不平不満、大気汚染、公害、日本の不評、超大国の嫌がらせ、不景気、不健康な環境などはどっしりと根を張って抜きがたく、超安定といってもよい。

ひがんだ見方をすれば、悪は安定して、善は不安定かもしれない。このときにあたって、気をとりなおして、安定とはなにか、と考えなおす時代ではないだろうか。悪はなぜ安定しているかを直視し、善の不安定を救済する道はないかを真剣に考えてみたい。

乗り物のなかでもっとも安定を要求されるものは飛行機である。なぜかといえば、地上や海上の乗り物は水平のひろがりのなかを運転運航するから、前後左右の二次元平面を活躍の舞台とする。自動車がとんぼがえりをしたり、船が上下にゆれることはあっても、それは異常事態だけか、あるいは乗り物の寸法に比べてわずかの範囲にすぎないから、無視してもよい。

これに対して、飛行機は前後左右のほかに上下運動が重要である。もちろん、飛行機が前後左右に航行する数百、数千キロメートルに比べて、上下の運動は一〇キロメートル（一万メートル）をいくらも越さないが、それでも飛行機の寸法（ジャンボの全長で約七〇メートル）に対しては百五十倍以上である。これはとうてい無視できないひろがりである。

そのような三次元空間で活動する飛行機が安定に重大な関心をもつことは当然であった。運動の自由度は多いが、それはただちに転覆、さらに破滅的な落下へつながる。したがって、飛行機は誕生前からすでに黒い影としての墜落を宿命的に意識しなければならなかった。

飛行機が三次元空間において安定を保ち、転倒を避けるためには、きわめて初歩的な原理で十分であった。それはあえて高級な数学や力学を必要とせず、庶民的知恵で着想実現できるものであったから、すでに早くから安定した形態は模型飛行機として具体化されていた。

これは注意すべきことで、まだ単なる模型飛行機、すなわち有人飛行機の胎児のうちに安定性を具備していたことになる。ところが、この胎児は未熟で、軽い動力エンジンの開発が遅れたものだから、なかなか出生しなかった。

ただし、動力つき有人飛行機が一九〇三年（明治三十六年）にライト兄弟によって成功するまで誕生しなかった原因をすべて軽いエンジンの未完成に押しつけてはならない。なるほどライト兄弟はガソリンエンジンを使って初飛行に成功したが、それはかなり重いエンジンで、わずか一〇馬力程度の出力に対し、人間一人の体重ほどの重量を持っていた。

ライト兄弟以前の飛行機先駆者たちが、重い蒸気機関を動力に使ったから失敗したと信じられていることは誤りである。彼らはたとえガソリンエンジンを使っても成功しなかったであろうし、また、ライト兄弟のガソリンエンジンよりも軽い（発生馬力当たりの重量を比べて）蒸気機関はすでに存在したのである。

ライト兄弟はなぜ成功したかということ、また、ライト兄弟だけが成功者の資格があったと断定すること、が本書第Ⅰ部のテーマである。彼らはそれまで固く信じられていた安定の神話を破った。すなわち、三次元空間を飛ぶ飛行機は、それ自体に作りつけられた安定、つまり術語で固有安定と呼ばれるものを備える必要があるとする観念に挑戦した。

ライト兄弟の最初の有人動力飛行機フライヤー一号は固有安定ゼロどころか、マイナスである。すなわち、放置すれば墜落する機体であった。それでなぜ墜落しなかったかといえば、理由はあきれるほど簡単である。彼らが操縦したからであった。ここにライト兄弟の思想、すなわち、不安定の発想がある。

有人飛行機は文字どおり人間が乗っている。乗っている人間は下界の景色を眺めるためにすわっているのではなく、生と死を賭ける操縦をするために乗りこんでいるのだ、という哲学がライト兄弟の基本であった。これを肌に感じるまで、彼らはノースカロライナ州の砂丘で、寒風に吹かれながら、まだエンジンをつけないグライダーで飛行に励んだ。もちろん、墜落も、破壊もありえたが、そのたびに命を落としたのではたまらないから砂丘で飛び、能率よく飛行回数を積み重ねるために、アメリカ有数の強風地である海岸を選んだのである。

それまでの飛行パイオニアたちは、墜落を恐れるあまり、十分に固有安定をもたせた飛行機の実現に専念した。もちろん、これ自体は悪いことではない。しかし、どっぷりと安定の中へ埋没しようとする思想そのものが悪をはらんでいた。すなわち、安定な飛行機は手放しでもある程度は飛ぶ。しかし、激しい変動に出会ったら、やがて安定の限界を越えることもある。そのときにどうするか。

安定な飛行機と信じていた機体が激しく動いたときの衝撃と恐怖は、それこそ石油ショックの記憶と同一であったにちがいない。機体に一応の安定性を与えて安心しきることとは、いいかえると、変動に対する用意が欠けることを意味する。

ライト兄弟たちは、もちろん最初は定説に従って彼らのグライダーへ安定性を付与した。ところが練習中に、安定なグライダーが突風中でしきりに動揺することを発見した。考えてみると当然のことで、細かい突風に遭遇してもそれに対応するため、機体は自体を安定化する努力を神経質に実行する。動揺はその現れであった。

つぎに、安定な機体は舵の利《き》きが悪い。これも当然のことで、舵をとることは機体の現状を変更することで、安定とは現状変化に抵抗する保守的傾向である。したがって、ライト兄弟は心機一転して安定な機体をすてた。ただ、なにもせずに不安定な機体としたならば、破滅は黒い穴を掘って待ちかまえている。ライト兄弟は縦の運動にも、横の運動にも、十分利きのよい舵を考案した。

安定の放棄と、積極的で効果的な操縦、これがライト兄弟成功の秘密であった。このことは航空技術史でも完全に解明されていない事実である。ただなんとなしに、ライト兄弟は天才であった、幸運に恵まれていた、軽いガソリンエンジンが実現した、などと説明されている。もちろん、これらは成功の要因ではあったが、その一部にすぎない。彼らの大きい戦略は前記の二個の理念に尽き、しかも、彼らが身体で覚えたところが貴い。このような努力をした先駆者としては、ほかにドイツ人オットー・リリエンタールただ一人であったが、彼は不幸にして事故死した。あとの舞台はライト兄弟の登場を待つばかりとなった。

ライト兄弟の努力は、単なる航空技術史の中で眠らせておくには貴すぎる示唆を含む。飛行は人類の夢ではあったが、それは天上のパラダイス中の行動ではなく、突風、狂風、暴風、雷雨、雷鳴、雷電、空電、濃霧、密雲、暗黒、凍雨、結氷、霧氷、吹雪、洋上、山岳、荒野、砂漠とあらゆる苦難の場における苛烈な現実である。この現実を乗り越えて飛ぶ飛行機は、英雄叙事詩である、などと美しい装丁のなかへ綴じこむにはあまりにも生々しい。

私は航空のことをすこしばかりやったにすぎないが、ライト兄弟の行為のなかに、この変動する社会を生き延びるための知恵が秘められていることを感じた。それは観点を変えると、安定に対する観念の掘り下げである。

われわれの周囲はいまや不安定に満ち溢れている。それはライト兄弟たちがキル・デビルの砂丘に立ち、潮を含んで湿った強風を顔に感じ、いよいよ離陸する前の不安感と同じものである。それでも彼らはその不安感を振り払ってハンドルを握りしめ、ゴーの合図をした。その自信の基礎には、彼らの背後にある巨大な練習量があった。

われわれは安定という表現を誤って理解し、誤って使用していたのではなかろうか。作りつけられた安定ですべてがことたりるわけではない。どんな安定にも有効範囲がある。有効範囲が無限に広い安定を力学では大局安定（グローバル・スタビリティ）と称するけれども、こんなものは現実の世界には存在しない。もし存在したら、それはすべての活動が停止した死の世界においてであろう。

われわれが夢想するいわゆる安定には、美しいバラにはとげがあるのたとえのように、舵の利きが悪い、すなわち、現状変更が困難な特性が、それこそ作りつけられていることを忘れてはならない。

われわれは人生を、また社会を、手放し飛行で飛んでいるのではない。われわれは自分を、会社を、政体を完全に、あるいは部分的でも操縦、すなわち、制御する能力があり、責任があり、可能性がある。

そのとき、人生または社会が安定であることは望ましいが、たとえ不安定であっても希望はある。むしろ、不安定な人生や社会を乗りきろうとするときこそ、積極的に変革しやすいかもしれない。すこし物騒な比喩だが、不安定な国家で比較的容易に革命が発生した。それは、革命家が意識的に社会不安を醸成して、暴力的変革が容易になる下地を作ったのである。

本書は航空に関係の少ない読者が連想を呼ぶための目的で書いた。安定のための不安定、すなわち、制御のためには安定性の強いシステムよりも、安定性が弱いシステム、ときには負の安定性、つまり、不安定性をもつシステムが適当であることを主張した。それを単なる数学や力学でなしに、現実の飛行機について、レオナルド・ダ・ビンチ以来の過程において描いた。ここに登場するいろいろなパイオニアたちの人間模様は、乾いた技術のなかで行動させるにはあまりにもウェットで、無限の興趣をそそる。

飛行が一度成功すると、待ちかまえていた潜在的パイオニアたちは一斉に蜂起した。そしてけろけろと技術は進歩し、まだその世紀が終わらぬうちに、技術は一種の飽和状態に入ってしまった。普通のジェット輸送機はこの十年以上、すこしもスピードアップしていない。さりとて、SST（超音速輸送機）は就航したとはいえ、その伸びははなはだけだるいものである。

ライト兄弟以後の飛行機は、ライト兄弟ほどの熟達者ばかりを乗せるとはかぎらなくなったので、故意に不安定な機体を開発することを中止した。つまり、ライト兄弟の第一作フライヤー一号機は、歴史の突破口を作るための劇的な作品と考えるべきである。

本書の第Ⅱ部は、第Ⅰ部の進展につれて思いついた構想をいくつか扱った。これはあくまでも、読者の思考の刺激剤で、いわばアペリティフと考えている。これは技術的な構想をそのまま非技術的な構想へ応用することは禁物なことが多い。これはそのままそっくり使うからで、途中でワンクッションを置き、いわば変換器ともいうべき思考を行なって利用すればなにがしかの効用はあろう。

本のなかには、ああ、おもしろかったという瞬発的な炭酸飲料的なものから、読んでしまったらなかなか寝つかれないコーヒー的なものまである。どちらもそのときどきによって有効であろう。本書がどちらであるかあまり確信はないけれども、読者の立場によっていくらか味は薄くてもコーヒーになってほしいと考えている。もっとも私自身はあまりコーヒーをたしなまない。

それでも、寝不足な朝とか、逆に、よく寝た朝に飲むコーヒーなどうまいと思う。パリの宿で、しかも、なるべくフランス的な質素な宿で、バターとコンフィチュール

（ジャム）で食べるパン、いわゆるフランスパンではなく、バゲットと呼ぶ長いパンを手で折って口へ入れるとき、カフェ・オ・レ（牛乳入りコーヒー）の味は一段と冴える。これこそフランス人のエスプリの源泉に相違ない。

私は第二次世界大戦中にヨーロッパにいて、このコーヒーが切れた状態を見た。私自身はベルリンの下宿に住んで、豆かなにかを砕いて作った代用コーヒーをなんとも思わずに飲んで朝食をすませたが、冴えた味のコーヒーに慣れたヨーロッパ人にとって、それは朝食が消滅したに等しかった。

食事を人生の重要なけじめと考える彼らにとって、毎日の始まりが欠けることは大きい傷手にちがいなかった。それがコーヒーの入手困難（軍隊に入れば支給されたという）によってもたらされるとなれば、事は重大であった。

この意味で一見つまらないと思うものでも、本質的な役割を果たすものがある。われわれが強く安定を望むがゆえに、不安定に思いをいたす逆説的発想をライト兄弟に学んで、目が覚めた感じになったとしたら、それはコーヒーが利いた結果である。

そして目をかっと開き、姿勢を正して安定問題に取り組むとき、これはただならぬ難問であることを知る。力学においても制御工学においても、非線型システム、平たくいえばこの世の慣《なら》わしに近いシステムの安定の判別は困難をきわめ、これに巻き込まれたら迷路のなかへ踏みこんだと同然であるとは、学者間の定着した見解である。すなわち、あるときは安定であるかと思えば、他のときは不安定となる。もちろん科学であるから、天気次第ということはなく、それぞれの原因があってのことだが、それに一般的な法則の欠けることが難問の理由である。

そのとき、もっとも安定問題で悩んだはずであるライト兄弟の発想は、きわめて有意義であった。彼らの業績をレオナルド・ダ・ビンチまでたどるとき、つぎの著書は参考となった。

チャールズ・H・ギッブス・スミス『航空、その起源から第二次世界大戦末まで』（イギリス政府刊行物発行所、一九七〇年）
『サー・ジョージ・ケーリー』（イギリス政府刊行物発行所、一九六八年）
『レオナルド・ダ・ビンチの航空学』（イギリス政府刊行物発行所、一九六七年）
ゲルハルト・ハレ『オットー・リリエンタール』（VDI出版会、一九七六年）

I　飛行機安定への遠い路

1　まず飛行の志——安定の前に

人類が飛行の志をいつ立てたかは、はるかな歴史のなかに見え隠れしているだけであるけれども、人間万能選手としてのレオナルド・ダ・ビンチ（一四五二〜一五一九）の言行は歴史の雲のなかから一条のたしかな光明を投げかける。彼にとって飛行は終生の執念であった。

執念というとよい意味にとれようが、伝記作家によっては、それをダ・ビンチの夢の中に存在した強迫観念、もっとも兇暴な動機と表現する。このような説明によってはじめてダ・ビンチがほとんど無限と思われる人間飛行のアイデアを吐き出しながら、生涯にわたってぜんぜん実行に移さず、実験の記録は皆無であった理由が推定できる。

この天才は人類共通の技術的憧憬をいち早く察知し、ルネッサンスのまっただ中で、それをクジラが潮でも吹くように噴出した。彼の任務はそれで十分であって、それまでのだれもが胸の中にもやもやともっていたものを、代わって一挙に目の前に展

レオナルド・ダ・ビンチ

開してくれた。いわば壮大な前人未踏の嘔吐《おうと》であって、胃の中が空になるまで続ける必要があった。そのためにはなまじっかな対策は不用と彼は考えていたにちがいない。したがって、こまごました実験や試験などははじめから手がける気はなかったようである。

ダ・ビンチは飛行機のほかにいろいろな科学的技術的な行動を行なったが、この方面では綿密な研究や設計にまで立ち入っているのに、なぜ飛行機だけには理性を忘れて、いわば感情的なアプローチをしたのであろうか。

おそらく彼は飛行の困難の巨大さをよく知っていたにちがいない。そのゆえにあくまで問題点を掘り下げる手段として、まず羽ばたき飛行機という問題提起をして、思考実験を強烈に推進したのであろう。そしてほとんど限界までブレーンストーミングしたあげくに、最後は蓄積した動力、すなわち、弦の弾性を利用してロープで動力を翼に伝えて羽ばたきさせる案、主翼の内方を固定、外方だけ羽ばたきさせる案二つをスケッチとして残した。

　この最後の二案は、ダ・ビンチ後約四百年を経過して、ドイツのオットー・リリエンタールが自己の羽ばたき飛行機の動力としてガスエンジン（ボンベに蓄えた高圧ガスをシリンダに送ってピストンを動かす）を考案し、また、主翼端だけ羽ばたかせようとしたアイデアと一致する。このことは、鋭い観察と思考によって到達する結果が同じものになることの証拠である。

　ダ・ビンチが鳥の飛行について著作した時期は、すでに羽ばたき飛行にアイデアを出しつくしたと思われる後のことであり、しかも彼は、まだ十分に鳥が推進する機構を解明していなかったと思われるふしがある。この原因はやはり、解明よりも前に自己の噴煙を吐き出すことが先決であったためと思われる。

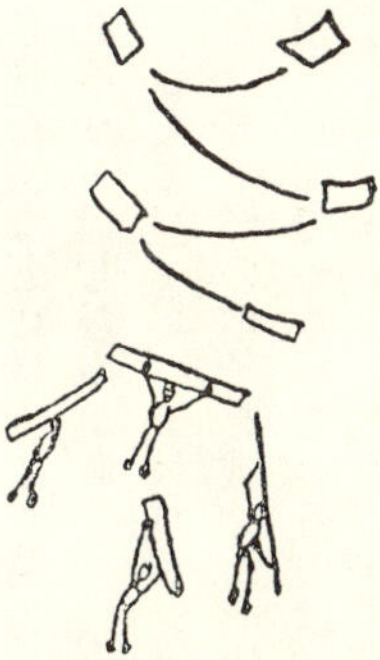
瞬発したダ・ビンチの飛行思想（1510〜15年）

　ダ・ビンチは生涯の終末近くで、空中を木の葉のように滑空する板にしがみついている人間の簡素なスケッチを残している。もし彼が本気でこのような問題と取り組んでいたら、羽ばたき飛行機などに投入した精力はきわめて効果的に実りある目的に向かって使われたであろうと惜しむ声がある。

さらにダ・ビンチはパラシュートの発明者であった。これは正方形枠に角錐（ピラミッド）形の帽子を載せた形状をもち、枠の四隅から下げた吊り綱の結び目と帽子の頂点を棒でつないでいるのは、帽子部が風で乱れて裏がえしになることを防ぐためである。こんな、さりげないポイントに彼の技術的才能が明確に出ているが、スケッチそのものは一筆書きにすぎない。後にパラシュートが実用化され、二十万人の命を救ったものと推定される発明も、この天才にとっては朝飯前の仕事であった。

ヘリコプターもダ・ビンチの発明とされているが、一三二五年ごろのデンマークの文献や一四六〇年ごろのフランスの絵に竹トンボ的おもちゃとして出ているので、これは正確には誤りであろう。しかし、ダ・ビンチのヘリコプターのおもしろさはその奇抜なフォルムの独創性にあるから、一種の発明であった。

これらダ・ビンチの精神活動の目ざましさから、彼を仮想的に航空研究の場へ引き出し、そのときはすばらしい成果が収められていたであろうとする議論は多い。しかし、彼は航空研究のきびしさを知っていた点においても天才であったと私は信じる。

なぜかというと、鳥やコウモリのような羽ばたき飛行以外に、人工的な機械でもっと飛行可能な装置の原型であった凧が文献に現れたのは、ダ・ビンチ死後約百年を経た一六一八年のことであった。彼の著作のなかに、空中を滑空する板はあるけれども、その板を糸で拘束して風で浮揚させる着想はない。

このような技術水準のなかで、ダ・ビンチは本能的に時期がまだ熟さないことを感知し、自己の情熱のすべてをまず啓蒙、というよりも自己の精神的発熱、すなわち、ほてりを冷やすために使ったと思われる。

ダ・ビンチは自分の著作が啓蒙のために使われることを予期していたが、彼の遺言執行人フランチェスコ・メルチの愚鈍によって、世に公表されたのは十九世紀でも第四四半期であった。このとき、すでにパラシュートおよびヘリコプターの再発見から百年経過し、空気力学は進歩しつつあったから、天才の労作も航空へ直接に影響を及ぼすことはなかった。

もし、ダ・ビンチの著作がただちに公表されたとしたら、その影響力は彼の芸術と同じく強大であったと思われる。たとえば、羽ばたき飛行機の難点はおそらく早く発見され、それを棄ててグライダーによる飛行の努力がもっと早く開始されたにちがいない。

これらは仮定のことで、現実的な迫力に乏しいから、歴史を正視してみよう。ダ・

ビンチの努力がたとえ直接に航空へ貢献しなかったとしても、間接に当時の航空先駆者たちを激励したであろうことは想像できる。十九世紀の第四四半期というと、一九〇三年、ライト兄弟の飛行成功、すなわち人類初の動力飛行前夜である。考えようによっては、飛行機誕生の胎教時代ともいうべき時期であった。

そもそも航空、すなわち人間が空を飛ぶ行動は衝動的なもので、最初から実利的な動機によって出発した人は、おそらくライト兄弟まで存在しなかったといってよい。この意味で、飛行の志は「兇暴な夢」であった。そのときにあたって、有史以来もっとも有能な天才が飛行機を計画した事実は、たとえ具体的になんら貢献しなくても、精神的には十九世紀末のパイオニアたちにとって大きい支えであったと思われる。

彼らパイオニアたちにとっては、自分たちが目ざしていることが狂気の沙汰ではないかと、反問する瞬間があったにちがいない。それほど、飛行は困難で実りがなく、たとえ実現したところで実利はほとんど考えられなかった。いまでこそ飛行機は高速交通機関であるけれども、ライト兄弟が初飛行してから、汽車や自動車のスピードを追い越すまでにはかなりの年月が必要であった。そんなときに、ダ・ビンチでさえ飛行機に取り組んだ事実は、十九世紀末のパイオニアたちに、もし自分たちが異常であったとしたら、ダ・ビンチ自身も異常であったとの自信を与えた。

2　飛行安定は精神の安定から——ケーリーの飛行機研究

レオナルド・ダ・ビンチが一五一九年に没してから、夢が現実になる気配を明らかに感じさせた人物といえば、イギリスの準男爵ジョージ・ケーリー（一七七三〜一八五七）であった。

その具体的な証拠は、ケーリーが一七九九年に彫った銀メダルであった。それには飛行に必要な重力以外の三力の釣り合い、すなわち、主翼の揚力で機体にはたらく重力、すなわち重量と釣り合わせ、主翼と胴体などの抗力（空気抵抗）と推力（推進力、ケーリーは初歩的なプロペラを考えていた）を釣り合わせる基本的な力学条件が表示されていた。

メダルの裏には一七九九年の年号とGRCとケーリーの姓名の頭文字を刻んで、固定翼グライダーの絵が描かれている。その主翼は奥行きが深く、胴体は船のようで、そこへ操縦者がすわっているが、重要なことは操縦者が、水平尾翼と垂直尾翼が十字形に交差した尾翼を操舵していることである。さらに、怪しげなタッチだが、プロペ

ジョージ・ケーリー（左）と自刻メダル（1799年）

ラに似た羽根で空気を後ろへ押しやっている。

　このメダルは、もちろん象徴的なものにすぎない。ただ、ケーリーの着想でまだほかにいろいろな形で発表されているものを総合すると、メダルの絵の意味は右のように定められる。

　きわめて重要なのは、レオナルド・ダ・ビンチから三百年で、ようやく航空にあけぼのの光が射したことである。すなわち、ケーリーによってはじめて近代的な飛行機の原型が確立された。

　ケーリーは凧が浮揚する空気力学的な原理を解明した最初の人であった。それは凧に作用する空気力として揚力と抗力、凧糸による推進力の三力と凧の重量が釣り合うことを正しく理解していることからも知られる。

　現在の飛行機はプロペラ機でもジェット機でも凧式ともいわれるほどだから、凧が飛ぶ原理を理解すれば、その秘密へ踏みこんだと同じことである。

前にも述べたとおり凧は十七世紀初めごろ絵に描かれたが、起源はもっと古いであろうし、さらに中国では他の技術の例から考えて、おそらくかなり古くから使われたであろうと推定される。

ただし、凧をそのまま飛行機に使えるわけではない。なぜかというと、凧は風に対して大きな角度（迎角《むかえかく》）で風圧を受けて、自重と凧糸の下向き力を支え、かつ、凧糸の前向き力と釣り合っているのだから、限界的な使いかたである。

これに対して、飛行機はなるべく効率よく、すなわち、揚力を最大限に、抗力を最小限にする必要がある。このためには凧のように翼幅（風に直角な寸法）と翼弦長（風に平行な寸法）が同じか、後者のほうが長い形状では不可で、現用飛行機のように、翼幅が翼弦長に比べて著しく大きい形状にしなければならない。

それにもかかわらず、ケーリーが凧の浮揚原理を発見したことは大進歩であった。さらに、ケーリーの偉大な発見は凧、したがって飛行機の安定原理であった。これは凧の飛行を注意深く観察した結果によるものであろうが、飛行機の安定原理はつぎの二項目である。

(1)　尾翼をつけること

(2)　上反角をもたせること

右のうち(1)の尾翼の効果は凧の尾から得た発想かもしれないが、鳥の尾の連想も大きいであろう。(2)の上反角というのは、凧の面を後方に反らせる（縁から縁へ糸を張って）角度のことである。

ここで考えられることは、空を飛ぶためにはなんでも鳥の真似をすればよいではないかという思想である。ダ・ビンチの羽ばたき飛行機はまさにその方向であった。ダ・ビンチは素朴に鳥へ傾倒し、その飛行を人間が実現する手段として羽ばたき飛行機を考えた。このとき、鳥の技術開発である羽毛、すなわち、裂けそうで裂けず、下に羽ばたくときは互いに密着して風圧を作る新材料まで模倣したかったであろう。それが不可能とわかると、次善の策として、鳥の模倣者であったコウモリを模倣し、サブライセンスで甘んじた。

人間の腕力だけで羽ばたきすることは不十分であると知っていたので、脚力も併用したのはさすがであった。それにしても人間の発生しうるパワーで、羽ばたきによって直接浮揚することはきわめて困難、むしろ不可能である。

昆虫や鳥が実行していることをなぜ人間が実現できないのかといえば、人間だからこそ物理的に不可能であるとしかいいようがない。すなわち、きわめて簡単な二乗三乗法則、つまり、面積は寸法の二乗に比例し、体積、いいかえると質量（同じ物質の

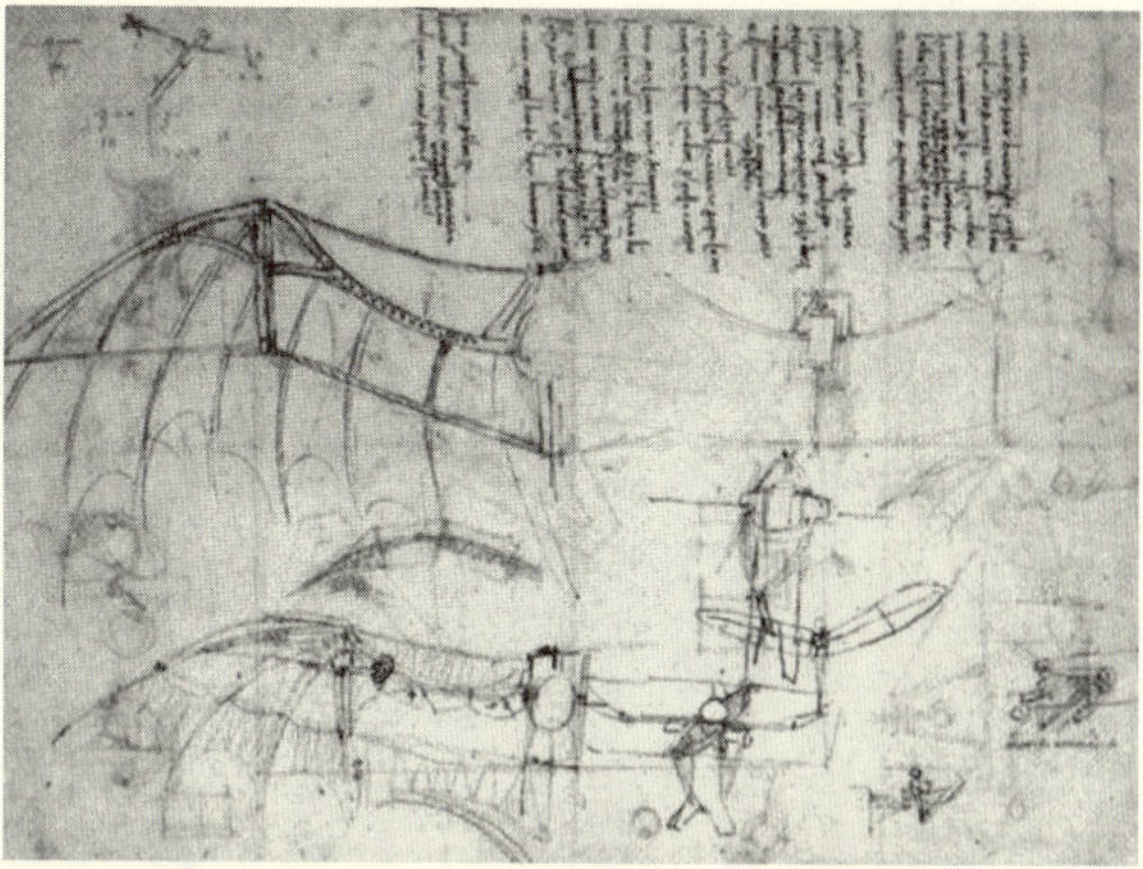

羽ばたき飛行機を記すダ・ビンチの手稿

場合）は寸法の三乗に比例するという法則が人間の直接羽ばたき飛行を困難にしている。この二乗三乗法則によって、飛行のむずかしさの尺度である面積当たり重量（航空工学の用語では翼面荷重）が寸法拡大とともに増す。

昆虫より重い鳥が力をこめて飛び、軽い小鳥より重い猛鳥が重々しげに飛ぶ理由は、単なる感じではなくて事実である。したがって、鳥よりもはるかに重い人間が鳥のように羽ばたいて飛ぶこと自体に問題があり、身のほどを知れという言葉は別の意味で真実であった。

ただし、このことは鳥の真似をしなければ可能であって、現に人力飛行機はプロペラ推進によって実現されている。このとき、機体の重量は羽ばたきの直接的な揚力でなしに、プロペラ推進によって生じる前進速度で発生した、いわば間接的な揚力で支える。これをたとえると、重い石などを直接持ち上げるかわりに、ゆるい傾斜路上を押して、長い道程の後に、ある高さまで持ち上げるに等しい。

ダ・ビンチの没後、メッシナ大学、後にピサ大学の数学教授となったアルフォンゾ・ボレルリ（一六〇八～七九）は、人間の筋力は鳥の筋力に比べて飛行に不十分であると、死後に発表された著書で述べた。これは人力飛行機まで否定したものではなく、たとえば人間がある限度以上の重い石を持ち上げることは不可能であると研究したにすぎない。しかし、結果としては人力飛行機まで否定したことになって、いまとなればマイナスの研究であった。

ダ・ビンチの飛行の志からケーリーまでの間に、偉大な発明としてモンゴルフィエ兄弟の熱気球（一七八三年）がある。これは彼らのそれこそ素朴な観察による発明だった。すなわち空へ上がる煙を見て、煙を袋の中へ閉じこめたら浮揚するにちがいないと直観したのである。彼らは紙製造業者であったから、すぐ商売物の紙で袋を作った行動力が成功の鍵であった。

ダ・ビンチから約三百年で、現在の飛行機の基本原理を把握したケーリーの着想の

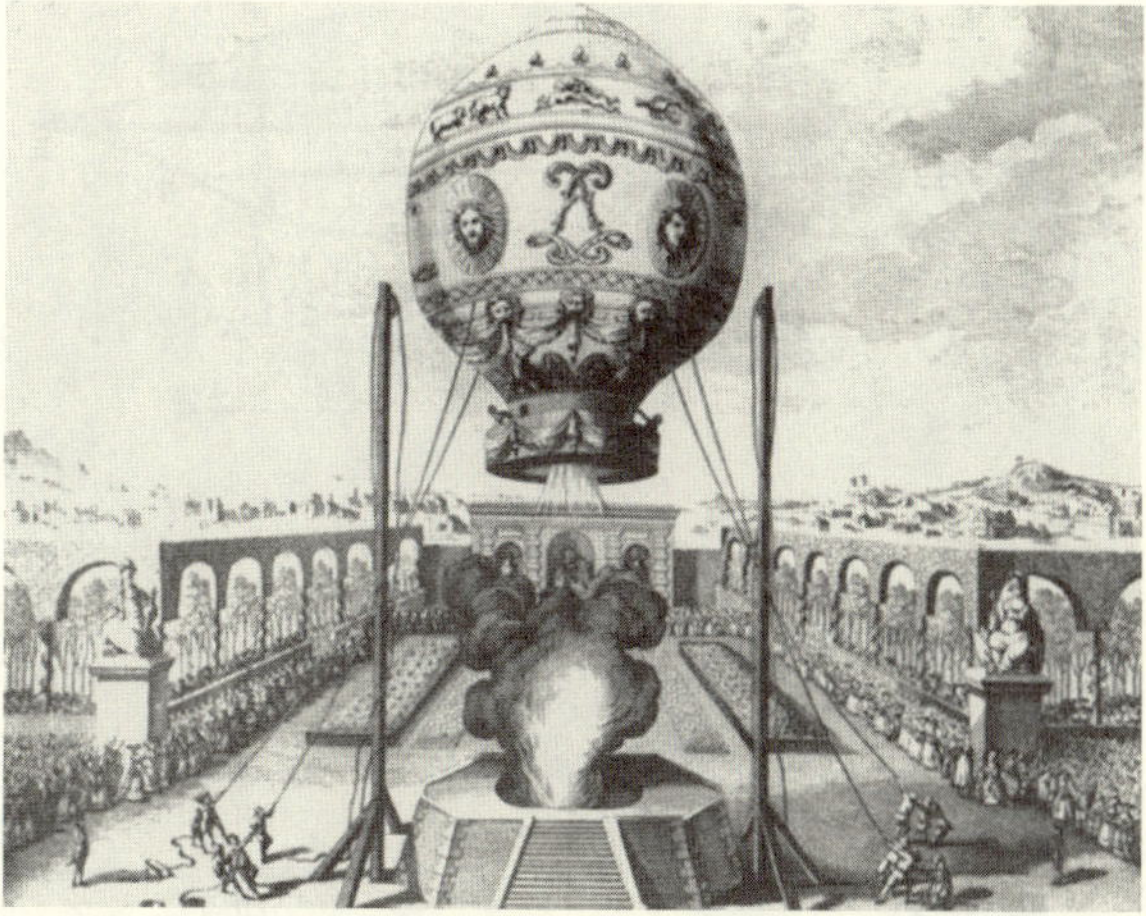
モンゴルフィエ兄弟の熱気球実験（1783年９月19日）

背景こそ、まさにモンゴルフィエ兄弟の思考風土と同じものであったと考える。すなわち、観察と思考の結合ループへ活発なエネルギーを供給して増幅する方式である。

ケーリーが銀メダルを彫った一七九九年、彼は二十六歳の青年であった。彼の家は名家で、彼自身も準男爵であった。その航空研究が十六年前に発明されたモンゴルフィエ気球によって刺激されたことは疑いないが、風まかせの気球から発想して、積極的に飛ぶ飛行機、すなわちダ・ビンチ以来の夢へ取り組んだことは注目に値する。

気球は煙が上昇した果ての雲の思想であるけれども、飛行機はあくまで鳥

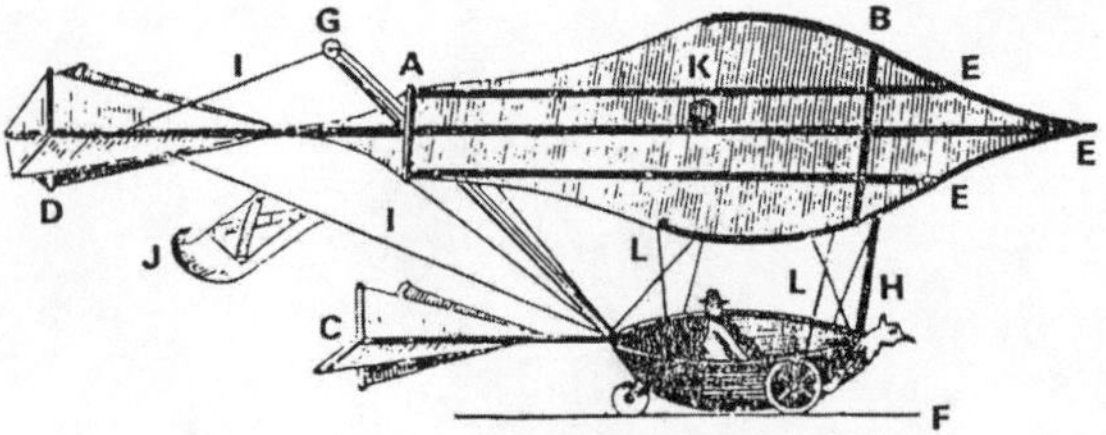

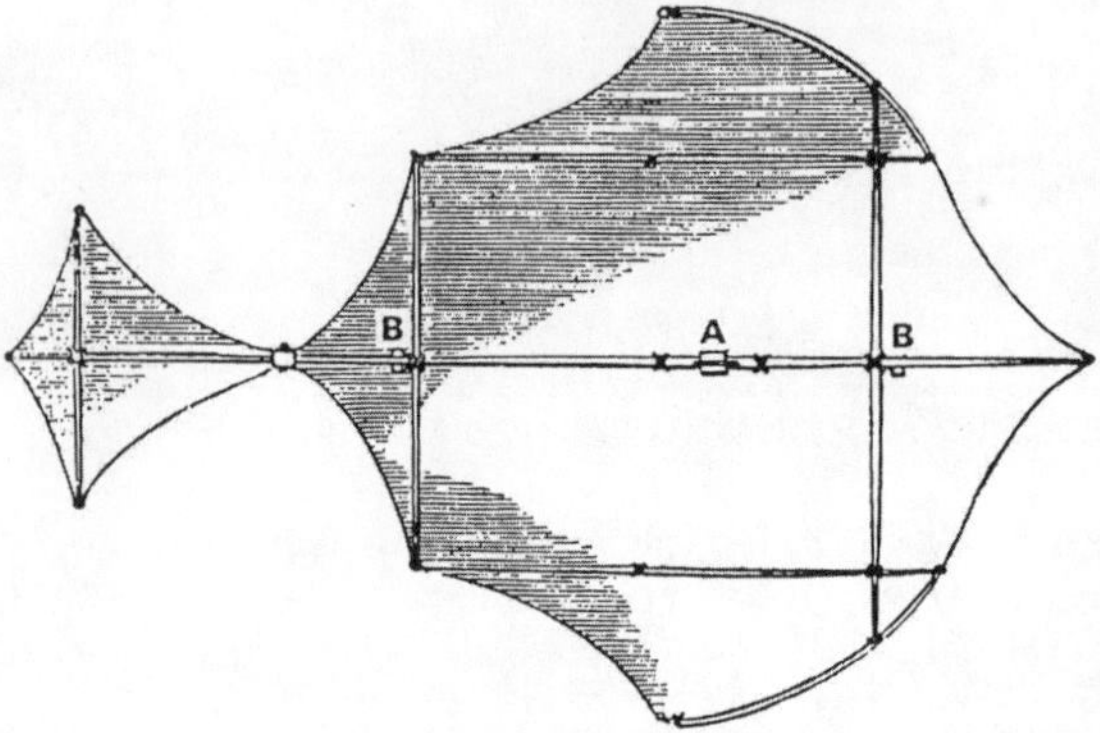

A　後桁，B　前桁，C　昇降舵および方向舵，D　水平および垂直尾翼（調整可能），E　翼小骨，F　水平線，G　尾翼調整索支柱，H　前部支柱，I　索，J　旗，K　吊り上げ輪，L　張線（一部），下図のA，Bは結合点を示す

ケーリーの凧式グライダー（1852年）

である。ケーリーの卓越した点は、羽ばたき飛行機でなしに凧式飛行機を考察したことにあり、その意味では冷静な人物であったにちがいない。思考した場所も熱情をそそるイタリアではなく、静かなイギリスのヨークシャー州スカボロウ市近くのブロンプトンヒルと呼ばれる環境であった。

羽ばたき飛行機は、揚力と同時に推力を発生させて鳥のように飛ぶのであるが、ケーリーは揚力と推力を分離した。すなわち、揚力はもはや羽ばたかない主翼、いいかえると凧のような固定翼とし、それが発生させる揚力で重量と釣り合わせ、主翼が発生させる抗力は別の推進力（その実現方法が問題）で釣り合わせて空中を飛行しようとした。この原理は現在の飛行機の基本とすこしもかわりがない。

この基本原理を認識した五年後の一八〇四年には全長五フィート（約一・五メートル）の模型グライダーを製作した。これは現在の模型飛行機とかわらず、棒で作った胴体に対して六度ほど前縁を上に傾けた主翼をとりつけ、ちょっと変わった点は、尾翼を胴体に自在継手で装着したことだけである。

尾翼が水平尾翼と垂直尾翼を十文字に組んであることは現在と同じであるけれども、その一式を自在継手で胴体につないだことは、その自在度によってはふらつく危険がある。しかし、全体の配置は驚くほど近代的で、とてもライト兄弟から百年前の着想とは思えない。

ケーリーがダ・ビンチ以後約三百年で飛行の原理に到達したことは、一七八三年の気球の発明にみられる科学思考を経由して、当然の帰結といえるかもしれない。まず浮揚して、つぎに推進するという過程はもっとものようであるが、それでは飛行船ではないかとだれでも考える。

ケーリーの偉大さは、この容易な進展をもう一段飛躍させ、浮揚を気球のような静的な手段ではなく、さりとて羽ばたき飛行のように人間の能力では混乱を生じる危険のある推進との併発作用ではない、凧式固定翼によって発生させる方式に着目したところにある。そして、固定翼飛行機には、かならず安定化が必要であることを看破し、主翼に尾翼、とくに水平尾翼をつけ、さらに主翼自体にも上反角と称するものを付与したことにある。

ケーリーは一種のダ・ビンチ的存在で、その活動分野は開墾、失業救済、義手義足、劇場建築、鉄道、救命ボート、尾翼つき銃砲弾から光学、電気学の分野にまで及んだ。具体的発明としては、一八〇五年に膨張空気（熱空気）エンジンを発明し、一八二五年にはキャタピラーつきトラクターを考案して、農業および軍事用の不整地整備推進の文字どおり足場を築いた。もちろん、まだガソリンエンジンは発明されず、蒸気船（一八〇七年）、蒸気機関車（一八二九年）の時代であった。ダ・ビンチやケーリーのように、ありあまる才能の持ち主が、そろって飛行機に興味をもったことは注目に値する。これは空を飛ぶものが、鳥のほかには神か悪魔に限られたことと無関係ではない。

ケーリーの思考はダ・ビンチによって発作的に吐き出された願望を注意深く味わい、分析したものと考えるべきであろう。とくにケーリーが浮揚、推進とともに安定へまで思いをめぐらしたことは、彼自身がきわめて精神の安定した人物であったと考えるべきである。ダ・ビンチはいわば天才に多い躁鬱《そううつ》的徴候が著しいけれども、ケーリーにはそれが認められない。

ケーリーの精神的安定は、彼の原理による実物グライダーの試験方法にみられる。すなわち一八四九年にはまず無人で重量だけ積んで飛ばし、ついで男児を乗せて飛行させた。この児は使用人の息子であったが、人類初のグライダー搭乗者となった。ついで一八五三年には気の進まない使用人の御者を乗せて飛行に成功した。こちらが成年人間のグライダー初飛行である。

これからみられるとおり、ケーリーは思いつくままにいきなり発作的に自分で搭乗することをしなかった。準男爵という地位のためでもあったろうが、慎重な性格であったともいえる。とくに、男児を飛行させてから四年目に御者に命じて飛行させたことなどは興味深い。とても気の短い人間にはできない忍耐であり、これが安定の一つの徴候である。

3　飛行機安定の基本原理――それはヤジロベエにすぎない

ケーリーはおそらく凧の飛行観察から得た結論として、つぎのことを飛行機の安定原理と定めた。

(1) 横（側面）から見て、主翼に対しわずかの角度をつけた尾翼（前翼でもよい）を持つこと。尾翼が水平ならば、主翼は前縁がわずかに上がっているようにする。ケーリーがこの角度を六度としたのは、よい見当であった。

(2) 縦（正面）から見て、主翼は左右両翼を上に持ち上げたV字形を形成すること。これが上反角で、その大きさは水平線から片翼が持ち上がっている角度で表わし、やはり数度の見当でよい。

この(1)が縦の安定、すなわち、なんらかのはずみ（突風など）により飛行機の機首が上がったら下げる傾向を発生させ、反対に機首が下がったら上げる傾向を発生させる原動力である。これに対し(2)は横の安定で、やはり外部的原因によって飛行機が左右いずれかの方向へ横に傾いたら、もとへもどる傾向を発生させる原動力である。

この理由を力学的に証明することは可能で、飛行機力学という飛行機の運動だけを研究する学問の教科書の最初にかならず述べてある。しかし、すべての科学技術の発生と同じように、はじめに教科書があったわけではない。かならず勇敢な実行者あるいは鋭い観察者があって、はじめて道が開けたことはどの部門にも共通である。

ここでは力学の証明を始める必要はない。ケーリーが発見したように、飛行機の安定二法則はきわめて直観的であるから、証明も簡単である。しかも、日本にはちょうど同じ原理で動く道具がある。それはほかでもない、ヤジロベエである。

このおもちゃは、江戸のころ通称与次郎とかいう門《かど》づけが笠の上で舞わしたものが弥次郎兵衛と転訛したところからきている。要するに、指の上に載せる人形である。足は一本で、両手が水平からすこし下がり、その先にそれぞれ小さい重錘《おもり》がついている。このおもちゃは左右に傾いてもまたもとの位置へもどり、安定である。

ヤジロベエの安定原理はその両手の下げかたにある。もし両手を左右へ水平に伸ばしていたら、左か右へ傾いたときにかならず指先からころげ落ちる。両手を水平よりやや下げているからもとへもどるのであって、その理由は、傾いている側の手の先にある重錘からヤジロベエの足先（支点）を通る鉛直線（垂直線）までの距離が、反対側の手の先にある重錘から同じ鉛直線までの距離より小さくなって、傾きを回復させるためである。

両手を左右へ水平に伸ばしていたのでは、なにかのはずみで傾いたときに左右両手の先にある重錘から鉛直線までは互いに等しく、いや、ヤジロベエの足の長さがあるから、傾いた側の重錘が鉛直線からすこし遠くなってますます傾くことになるからころげ落ちることになる。

ヤジロベエと飛行機は一体どこが同じなんだといきまく前に、もう一つ頭の準備体操をやってみよう。それは左右の手の長さがちがうヤジロベエである。

左右の手の長さがちがってもヤジロベエは指の上で釣り合わなければならない。し

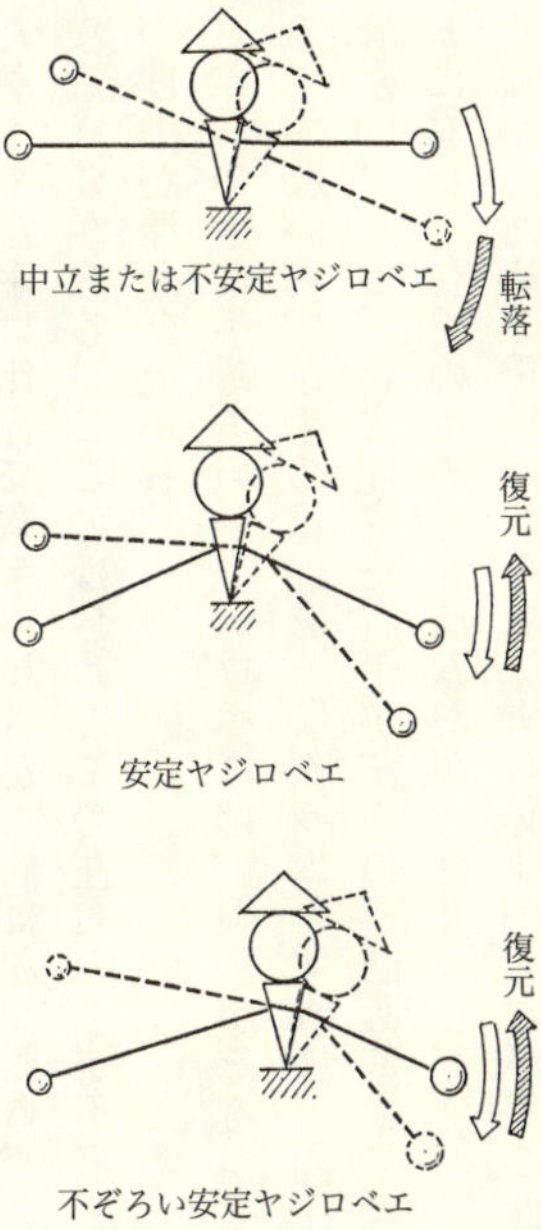

安定ヤジロベエ（中および下図）

たがって左手に比べて右手の長さが二倍になったら、その重錘は左手の重錘の半分になる必要がある。ここではじめてこの左右の手が不ぞろいのヤジロベエをなぜ作るかの理由が浮かび上がる。

左右の手が不ぞろいのヤジロベエは、両手がそろったヤジロベエよりも軽いのである。すなわち、左手の重錘を一〇グラムとすれば、両手がそろったら重錘の重さは合計二〇グラム、いま述べた右手が左手の二倍あるヤジロベエでは左手の重錘一〇グラムに対して右手の重錘五グラムだから合計一五グラムである。これと同時に右手が長くなったための重量増加を加算する必要があるが、これは軽く作ってあるから、二倍に伸ばしたときでも重錘の重量差五グラムを覆すことにはならない。

ここをしつこく追究するなら（重要なことである）、右手が二倍に長くなったために左手より重くなれば、右手の重錘はそのぶんだけ軽くなることを考えればよい。結局、右手は手と重錘を含めても左手より軽く、そして左手と同じ長さで両手がそろったヤジロベエより軽くなる。

この不ぞろいヤジロベエがまさにいま(1)で述べた飛行機の縦安定を保つ原理である。ただ、ヤジロベエとちがって、飛行機の主翼と尾翼（前翼でもよい）ではそれらにはたらく空気力（風圧といってもよい）が釣り合い作用をするから、重錘とちがって上へ力がはたらく。したがってヤジロベエが両手を水平より下に下げていたとまったく同じ理由で、主翼と尾翼は両手を水平より上に上げた形にひろげる。

前記(2)の横安定は両手がそろったヤジロベエの場合で、主翼が左右翼を水平より上へ伸ばした姿である。この姿で飛行機は飛行機の重心へはたらく空気力という目に見えない指先で支えられ、正面から見て左右に傾けばヤジロベエ的にもとの姿勢へもどって安定である。前の縦安定の場合でも、機首が上がればすぐ下がるようにヤジロベエ原理が作用して安定を保つ。繰り返していうが、飛行機で安定を回復する原動力はヤジロベエの重錘に作用する重力のかわりに空気力となっただけである。

飛行機にも当然重力は作用するが、逆ヤジロベエ的配置になった重力の不安定度よりも、空気力の安定度が強いことはつぎのことを考えればわかる。すなわち、主翼と尾翼（前翼）の各重量、あるいは主翼の左右翼の重量よりも、それぞれの部分へはたらく空気力は、そのほか胴体、エンジン、脚などの重量を支えているぶんだけ大きく、前記各部分重量より卓越している。したがって、飛行機の安定作用には空気力が決定的要因となる。

ケーリーがこの飛行安定原理を発見したとき、卓をたたいて興奮した気配は察知できない。彼は静かにこんなふうにいっている。

アンリ・ジファール

「いつの日にか航空は実用となり、われらおよび家族、その家財道具を海路より安全に、時速二〇マイル（三二キロメートル）から一〇〇マイル（一六〇キロメートル）で輸送することを信じて疑わない」

　これは一八〇九年、すなわち、現在から百七十年ほども過去の言葉とはとうてい信じられない。訂正すべき部分は、数値を約六倍にするだけである。

　ケーリーは、その幼年期に発明された気球にあまり感動している様子がない。それによって航空することはすぐにでもできることだとかたづけている。まず気球による航空（すなわち飛行船）時代がきて、そのあとに安全有効な機械的飛行（すなわち飛行機）が到来すると予言した。そのとおり、フランス人アンリ・ジファール（一八二五〜八二）が蒸気機関とプロペラを使った飛行船を飛ばしたのは一八五二年、ライト兄弟の飛行機成功はその五十一年後であった。

　ちょっと考えてみると、この落ちついた学者的貴族こそ飛行船を好みそうである。世襲の地位財産にぶら下がったまま、あとはわずかの推力（推進力）であっちこっちへ方向を変えることこそ似つかわしい。ところがケーリーはそうではなかった。推進することによって揚力を発生させる自主独立の方式を好み、さらにその運動の安定にまで深い洞察を行なった。感嘆に値する清新な思考である。

安定を考察するためには、まず自分自身の精神が安定でなければならない。自分の目がまわっていたのでは、とても直立することは困難である。ダ・ビンチ以後に多くの発明家たちが飛行機を考えたけれども、目が動いていなかった考察者はケーリーまで出現しなかった。

ない。

4　不幸な天才──心の安定を失うとき

十九世紀が躍動の時代であったことは、航空にも共通である。このダイナミックな時代に新技術を実現しようとするならば、自分も身体を張って泳ぎきらなければならない。

十九世紀の技術革新の先端をいったものは蒸気機関の応用であった。蒸気機関はいち早く一七一二年、ニューコメンによって糸口が求められ、一七六三年、ジェームズ・ワットが実用的に完成した。これが航空におけるモンゴルフィエ兄弟の熱気球発明とほぼ同じころであったことはちょっとおもしろい。

乗り物に対する蒸気機関の応用はまず一八〇一年、イギリスで外輪船の原動力になったことから始まり、一八〇七年にはロバート・フルトンがアメリカで商業的に成り立つ蒸気外輪船を開発し、イギリスでは一八一二年に同じことが成功した。さらに一八二二年にはイギリスとフランスで鉄製蒸気外輪船が開発された。

この外輪船は一八三八年にイギリスで開発されたプロペラ船に比べると、プロペラ飛行機に対する羽ばたき飛行機のように思われるが、実はちがう。外輪船は連続回転することがプロペラ船と同じで、ただ回転している面が外輪船は水流に沿っているのに、プロペラ船では水流に直角な差があるだけにすぎない。その差によってなにが発生するかといえば、水流に逆行する水かき板のある外輪船より、そんなもののないプロペラ船が高速回転、高速推進、高能率になる。もし、外輪船とプロペラ船との関係を他の例に比べたければ、ヘリコプターとプロペラ機の比較を考えてみると、それがそっくりであることがわかる。

羽ばたき飛行機は完全に鳥の真似で、鳥にかぎらずすべての動物は、その身体の部分を連続回転できない。やったらちぎれてしまうだけである。人間が作った機械は連続回転してもかまわないから、それによって都合のよいことがあったら、動物たちに遠慮せずに採用すべきである。その決断の第一歩はケーリーによって踏み切られた。

蒸気機関車が完成したのは一八二九年、スチーブンスンのロケット号（おもしろい名であったが、当時すでに火薬ロケットは兵器として使われ、その高速にあやかろうとする命名であろう）である。蒸気船より遅れたのは軽量化の技術突破のためである。同じく蒸気機関が飛行船に装置されたのは一八五二年、フランス人アンリ・ジファールによる。それは毎時八キロメートルの速度であった。このスピードは人間の歩

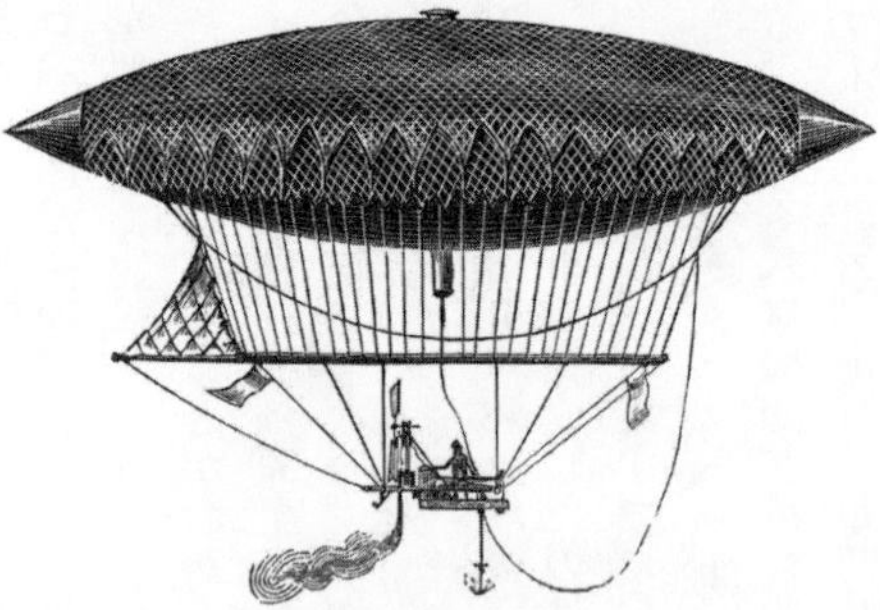

ジファールの蒸気飛行船（1852年）

行よりいくらかましな程度であったから、ケーリーは早いうちに、たいした技術は必要でないといいきったのである。飛行船が真価を発揮するためには、巨大なものへ発展する必要があった。

ジファールの飛行船は三枚羽根のプロペラをゆっくりと（毎分一一〇回転）まわし、蒸気機関には下向きの煙突をつけ、着陸のとき地面を捕らえるための錨《いかり》まで備えていた。いずれにしても、蒸気機関が飛行船の動力にまで発展したから、飛行機を推進するにはあと一歩の感じがする。ところが実際には、まだライト兄弟の飛行までその後五十一年かかった。

その理由は蒸気機関の重さである。ジファール飛行船の蒸気機関はたった一馬力を発生させるために五〇キログラムの重量が必要であった。これをライト兄弟のフライヤー一号のガソリンエンジンの一二馬力で八一キログラム、すなわち一馬力当たり六・八キログラムと比べてみるがよい。これが飛行機用エンジンの困難であって、そのために半世紀の時間が必要であった。

飛行船がこんなに重いエンジンでとにかく飛ぶことが可能であったのは、前にも述べた浮揚が楽なためで、食うことには困らぬ生活に似ている。そのとき、なにか趣味などをもって、知的水準をすこし高めるといった生き方が飛行船的である。

飛行機はケーリーによって飛行原理を確立されながら、なかなかその真剣な追従者がなくて難航した。これは軽いエンジン開発の困難と重なる二重苦であった。

ケーリーとライトの中間で輝く英知を発揮した人物はフランス人アルフォンス・ペノー（一八五〇〜八〇）である。彼は身体が弱かったので提督であった父を継いで海軍へ入ることができず、航空に専念した。

アルフォンス・ペノー

一八七〇年、すなわち二十歳の若さでゴムひもを使用した二重反転（互いに反対にまわる）プロペラつきヘリコプター模型を作った。
二重反転プロペラは互いに相手をいわば踏み台にして確実に回転し、それぞれの回転で上へ推力を発生すれば安定して上昇する。この天才は浮揚と安定を巧みに一体化したが、まだ時代はエンジンが熟さず、こどものおもちゃで終わってしまった。注意深く観察すれば、ダ・ビンチも夢想していたヘリコプターによる人類飛行の可能性はペノーのおもちゃのなかに存在したのに、だれもがおもちゃというカテゴリーのなかからまじめな考察を取り出さなかった。

翌一八七一年にペノーは再びすばらしい考案を行なった。それは翼幅（主翼の両端間の長さ、翼長とはいわない）約四五センチ、翼面積五〇〇平方センチメートルばかりの単葉で、主翼端に上反角をつけていた。尾翼としては小さい菱形のものをつけ、主翼とともに一本の棒の胴体へとりつけた。このとき、尾翼の後縁を上げて胴体に対してマイナス八度ほどにとりつけ、主翼と尾翼が上へ開いたV字形、すなわち、逆ヤジロベエ的形態をとらせていたことはいうまでもない。

胴体棒の前端から後端にかけてゴムひもを張り、後端をプロペラに連結し、ゴムひもを巻いて手を放せば回転飛揚するものであった。プロペラを後端にとりつけたのは、それに指をかけて巻くためと、全体を手で持って放す瞬間までプロペラを指で押さえられるためであった。よく頭がはたらく人物であったことは疑いない。

いまの目で見ると、要するに少年の模型飛行機である。そんなものに感動する理由は、だれでも想像することとは反対に、ペノーの時代まではこれほど力学的に精巧なおもちゃが存在しなかったからである。いまからすれば、このことがむしろ意外であろう。

とくにこのペノーの模型飛行機の原理的正確さは、揚力（主翼と尾翼を含む、ただし、尾翼の揚力は小さい）の作用点よりもわずか後方に機体の重心を置いたことにみられる。これは正確にいうと作用点は重心と一致すべきであるが、飛行姿勢によって一致点が変わるので、安定のためには揚力の作用点が重心より後ろにあったほうがよい。

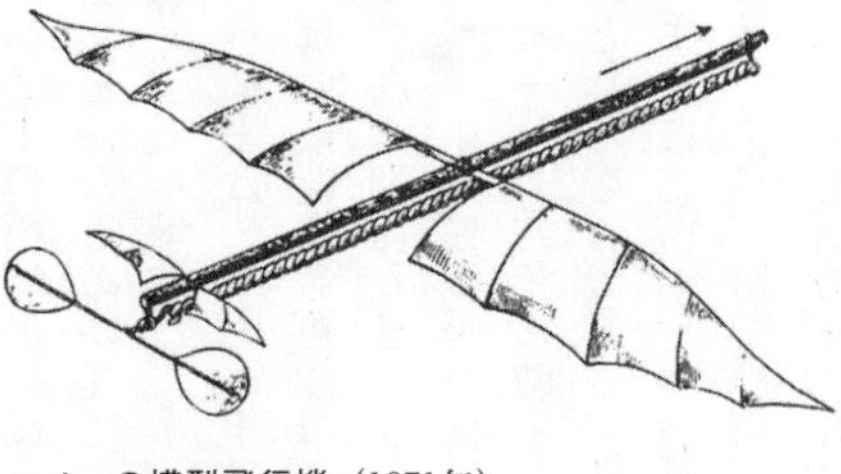

ペノーの模型飛行機（1871年）

この理由を考えて頭をひねるよりも、気象観測に使っている風向計を眺めるとすぐわかる。全体を支えている垂直軸（そこに重心がある）より風板（風を受ける板）、空気力作用点が後方にある。もし反対に、風板が垂直軸より前にあったら、風を受けたときにくるりとまわってもとへもどらない、すなわち、不安定である。模型飛行機に対応して考えるときは、この風向計を横へ水平にしてみればすぐ理解できる。

ペノーの模型飛行機は一八七一年八月十八日、パリのチュイルリ公園で空中飛行協会（そんなものがすでに存在した）のメンバーたちの前で公開されて、一一秒間で四〇メートル飛んだ。

ペノーは一八七四年におもちゃの羽ばたき飛行機を作り、この程度の小さい機体ならば直接浮揚も可能であることを示した。それは前にも述べたとおり、鳥程度の重量までなら羽ばたきによって飛行が可能なためである。

ペノーは模型飛行機に満足せず、当然実物飛行機への道に向かって踏み出した。それは一八七六年に助手の機械工ポール・ゴショーが協力して設計し、特許出願書の内容としたものである。推定重量一・二トン、複座、双発、速度一〇〇キロメートル／時まではよいが、主翼の後縁を左右反対に立てて方向制御をする一種のスポイラー（じゃま板）、密閉風防、引きこみ脚とその緩衝装置、昇降舵および方向舵を操舵する一本の操縦桿などの細部にいたると、あまりにも進みすぎて（むしろ近代的飛行機の感触がする）なにか不安な気がする。

はたしてこの後四年で、若い才能は勇気、希望、健康すべてを失い、三十歳の若さで自殺して果てた。彼があと二十三年生き延びれば、また、それは十分可能であったが、ライト兄弟の飛行の報をフランスで聞くことができたはずである。それなのに自ら命を断ったのは、心の安定が保てなかったためである。

さきに、ケーリーが飛行機の安定を洞察できた理由は、ケーリーの精神の安定によると述べた。これとは逆に、安定した飛行機を着想できたからといって、心の安定も得られるわけではないことは、悲しくもペノーの死によって証明された。

5　安定化における凡人の役割——名人だけがすべてではない

蒸気機関を使って飛行機を開発する試みは、ジファールの飛行船に刺激されて手をつけられた。

まずイギリス人ウィリアム・サミュエル・ヘンスン（一八一二〜八八）はレース編物の技術者であったが、一八四二年から四三年にかけて「空中蒸気車」と命名した蒸気飛行機の特許を出願（イギリスの特許局は一八三六年に創設されている）し、それが認可された後の一八四三年に特許図面をカラフルにした絵として公表した。彼が依頼した広告業者はきわめて有能だったので、このロマンチックな絵はたちまち世界へ拡がった。

それは二本の推進式プロペラ（エンジンの後方にプロペラがある）を備えた単葉機で、イギリス商船旗を掲げてピラミッドの上を飛行している。編物技術者であったから、十分に機械的素養のある人とみえ、単葉主翼の両舷上に支柱を立て、それから張線で翼を支え、左右に通した翼桁、それへ直角につけた小骨などは合理的で迫真力が

エジプト上空を飛ぶヘンスンのロマン飛行機（想像図）

ある。

胴体後部には三角形の水平安定板と垂直安定板をとりつけ、これらは昇降舵および方向舵として操舵できる。ちゃんと窓をつけた胴体前部分の客室には、機首輪と主輪二個の脚がある。胴体から下へ向けた煙突からいまのジェットエンジンのように煙を吐いているところをみると、ここに蒸気機関を据えつけたにちがいない。

まことによくできていると思ったら、これはケーリーの教えを受けたもので（このときケーリーは七十歳）、ヘンスンはケーリーを「空中飛行術の父」と持ち上げている。しかし、夢は壮大で、友人のジョン・ストリングフェロウ（一七九九〜一八八三）とともに、「空中航行会社」の設立を計画した。

この史上初のエアライン会社は、まだ飛行機の模型も、まして実物も製作されないうちに企画したものであったから、たいしたものであった。これではあんまりだと思って、二人で協力して、翼幅二〇フィート（約六メートル）の模型飛行機を製作した。小型蒸気機関はヘンスンが設計し、ストリングフェロウが改良したもので、なかなかよくできていたという。

この模型飛行機は一八四五年から四七年にかけて実験されたが、発射台を進発しても持続飛行は不可能であった。ここで問題なのは、ヘンスンは以後の研究を放棄し、結婚してアメリカへ移住してしまった。一八四八年のことである。

残されたストリングフェロウは、自力で蒸気飛行機の模型を作ってテストしたが、成功しなかった。後世の評価では、彼の航空における才能は不十分であったとされている。

ヘンスンとストリングフェロウはともに、あまりにも世間ずれしていたような気がしてならない。大ぶろしきをひろげる前になんにも実験していなかったことは、特許をとるだけならともかく、まじめに世間へ向かって飛行を公言した技術者の態度としては許されるべきでない。しかも老境に入っていたとはいえ、先覚者のケーリーから助言を得ている。邪推すれば、ケーリーの名を使って宣伝に使ったと思われないこともない。

それにもかかわらずヘンスンとストリングフェロウの名が航空技術史に残っている理由は、世界の人間を飛行に向かって刺激した功績によるものである。いわば航空ロマンチシズムの提唱者としてであった。ヘンスンは航空技術に対して具体的な貢献はなにもしていない。その特許書類に添えた技術的詳細はかなり注目すべき点があるのに、その実現にはあまり執念を燃やさず、さっさとやめてしまったことからもわかるとおり、常識的に利巧な、単なる思いつき屋であったらしい。

このような人物を登場させたのは、ダ・ビンチによって触発された飛行の志を実現

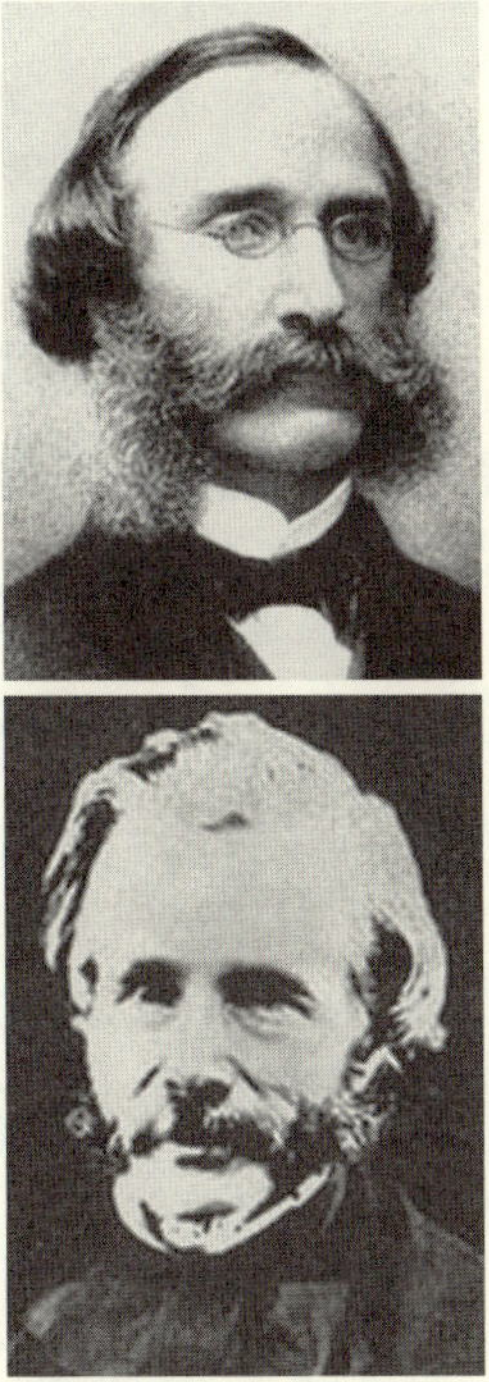

ウィリアム・サミュエル・ヘンスン（上）とジョン・ストリングフェロウ（下）

ストリングフェロウの三葉模型飛行機（1868年）

する人物は一種の名人でなければならぬことを強調したかったからである。そんな名人には、あるいは常識が欠けているかもしれないが、前人未踏の事業である飛行実現のためにはやむをえない。

なお、ストリングフェロウはしばらく世間から忘れられていたが、一八六八年、すなわち、彼が最後の模型飛行機を実現した一八四八年から二十年後に、もう一度登場した。それはイギリス航空学会（一八六六年設立）主催のおそらく世界最初の航空展覧会に、小型蒸気機関つきの模型飛行機を出品したのである。

そもそも、まだ飛行機が飛ばないうちに航空展覧会とは秀逸であるが、気球に関する展示が主で、あとは模型飛行機および蒸気、火薬、ガス、石油各エンジン模型であった。

それにまじって出品されたストリングフェロウの模型は、推進式プロペラ二個をつけた三葉であった。その形態はヘンスンの機体に酷似していたが、試験した結果では飛ばなかった。模型が飛ばなかったら、実物が飛ぶはずはない。これは模型が飛んでも実物が飛ぶとはかぎらないきびしさを考えてみればすぐ理解できることである。理由は、小さい鳥が大きなグライダーより飛びやすいこととまったく同一である。

ストリングフェロウの模型飛行機は失敗したが、奇妙にもその図は世界中に拡がった。その理由は、それまでの模型飛行機、あるいは想像的飛行機の形態が、いずれもケーリーが実物グライダーで実現した、スルメのような古めかしいフォルムに対して清新であったためと思われる。ストリングフェロウの模型飛行機は、ヘンスンの立柱つき単葉とちがい、簡潔な長方形主翼を三枚重ね（翼幅は上から中、さらに下にわずかずつ短い）、左右舷をそれぞれ二対（二張間という）の翼間支柱で支え、中央の胴体上に一対立てて上翼を支持した。このレイアウトは、当時盛んであった混乱した悪魔的な形態に比べてきわめて清新な印象を与えたであろう。

この三葉はやがて、ライト兄弟の顧問的存在であったオクターブ・シャニュート（一八三二〜一九一〇）を経てライト兄弟の動力飛行機フライヤー一号の複葉翼組に影響を与えたことは疑いない。シャニュートはこの三葉グライダーを製作して飛んでいる。

この意味で、ストリングフェロウは工業デザイナーとして存在の意義があった。彼は前記の航空展覧会で模型飛行機用蒸気エンジンを出品して、賞金一〇〇ポンドを受けたから、機械設計者としては有能であった。

このように航空に関しては凡庸な才能でも、なんらかの意味で貢献することは可能であるから、あきらめることはない。そんな意味では作家でも重要な役割を果たす。フランスの作家ジュール・ベルヌ（一八二八～一九〇五）はその小説によって、気球、飛行機、さらにはロケットの技術発展に大きな刺激を与えた。

小説が航空技術や宇宙技術へ直接貢献することはむずかしいが、すぐれた作家の心を通じて世界の要望を技術者に伝達する意味では大きい意義がある。それは期待であり、また激励であり、伴奏であり、唱和である。

職人的である名人がこれらの小説によって直接に感動することもあれば、あるいは本人は無感動であるけれども、その周辺の凡人が感銘を受けて間接的に影響するかもしれない。世の中で奇人は奇人とチームプレイを組みたがらず、常人とコンビになることが多い。これも一種の安定化現象である。すなわち、奇人同士の結合では、不安定性を減衰する要素が欠けているからである。

6　緊急事態を考えない者に安定はない——なんとかなるだろうの喜劇

フランス精神の象徴であったペノーについで登場したクレマン・アデール（一八四一〜一九二六）は、その風格の高さではペノーに遠く及ばなかった。

この人は電気技師で、航空に興味をもったが、もっと基本から築き上げるつもりで飛行機を開発したら、航空技術史上で有力な地位に登ったであろう。

アデールは鳥とコウモリの飛行を研究し、一八七三年、三十二歳のときに地面へ四本のロープで止めたグライダーの実験をした。これは風で吹き飛ばされない用心で、いわば一種の天然風洞（プロペラで人工風を作る風路）としてテストした。これは最初の試みとしては許されようが、ついに自由グライダーの実験をしなかったことが気にかかる。

一八八三年、四十二歳になって最初の動力飛行機の設計にとりかかり、七年後の一八九〇年に完成してエオール（ギリシャの風神）と命名した。動力として軽量で強力な蒸気エンジンを開発し、これが彼の最大の功績だと皮肉な歴史家は結論した。

歴史家はさらに、アデールの飛行機はその蒸気エンジンが現実的であったと同じ程度にロマンチックで非現実的と批評した。その理由は、エオールを眺めてみれば理解できる。

エオールの発展型アビオン三号は、いまパリ南西郊外シャレー・ムードンの航空博物館に展示してある。最初のエオールは翼幅一五メートルの単葉で、一八〜二〇馬力の蒸気エンジンで一本の牽引式プロペラ（エンジンの前につく形式）を回転させた。

クレマン・アデール

エオールは大コウモリのような、まさに雨傘的主翼をひろげ、その下へ洞窟に似た胴体をつけ、両側に下界を眺めるつもりの窓がついている。プロペラは前へ突き出た鳥のくちばし状胴体先端に、四枚の枯葉のように頼りなく装着しているのはともかくとして、尾翼がない。

アデールが模倣したコウモリは、なるほど尾を持たないが、そのかわり羽根の面をほぼ垂直に立て、胴体を下げて振り子のような安定法を採用している。アデールはコウモリの飛行を研究したのであるから、当然飛びかたもコウモリに従うべきであった

エオール号（1890年）

が、エオールは主翼を水平にして鳥的に飛ぶ方式であった。彼が羽ばたき飛行に踏み切らなかったのは、さすがに無理であることを知り、またケーリーの論文がフランスで一八七七年に出版されたことなどが原因であろう。

一八九〇年十月九日、パリの南東にあるグレーツ・アルマンビリエにある城の前で、アデールはエオールに搭乗し、地面を離れて約五〇メートルほど空中にあった。これは史上最初の有人飛行機の浮揚であったことはたしかであるけれども、アデール自身も認めたように、絶対に持続飛行または操縦飛行ではなかった。いいかえると、偶発的な、胎動的ジャンプであって、真の飛行とは見なされていない。

現存するアビオン三号とアデールの談話記録を総合すると、アデールは飛行機の操縦と安定についてきわめて初歩的な概念しかもっていなかったことがわかる。すなわち、エンジンの出力を増減して上昇あるいは下降することと、方向舵で操縦するだけで、昇降舵はなかった。これは船の操船程度

愛機の前に立つリンドバーグ

のものにすぎない。

驚くべきことに、エオールでは蒸気ボイラーの後方に操縦者の席があった。したがって、操縦者は前方を見るために、常に右か左の窓から身体を乗り出して眺める必要があった。これは三十七年後の一九二七年に、リンドバーグが大西洋横断機「スピリット・オブ・セントルイス」に巨大なガソリンタンクを収めるため、やむをえず採用した方法である。それを人類最初の動力飛行計画に試みたのは壮烈すぎた。アデールが命を失わなかったのは幸いであった。

アデールは初の試みに懲りず、一八九二年にフランス陸軍省から多額の補助金を受けた。このことは後に否定したが、証拠は残っている。つぎの機体はアビオン二号（飛行機をフランス語でアビオンと称するのはここから始まった）であったが未完成のまま中止し、アビオン三号にとりかかった。

アビオン三号は双発で、アデールのすぐれた二〇馬力蒸気エンジン二台を積み、二本の牽引式プロペラを駆動させた。主翼幅はエオールよりやや大きくて一八メートルあり、総重量は約四〇〇キログラムに達した。このころになると、ケーリー以後の知識によって昇降舵は当然の必要舵面と見なされていたにもかかわらず、アデールは頑強に採用を拒否してエオールとほぼ同形態とした。エオールの持続飛行不能の原因をエンジン出力不足と考えていたためである。もちろん操縦席は蒸気ボイラーの後方へ置いた。

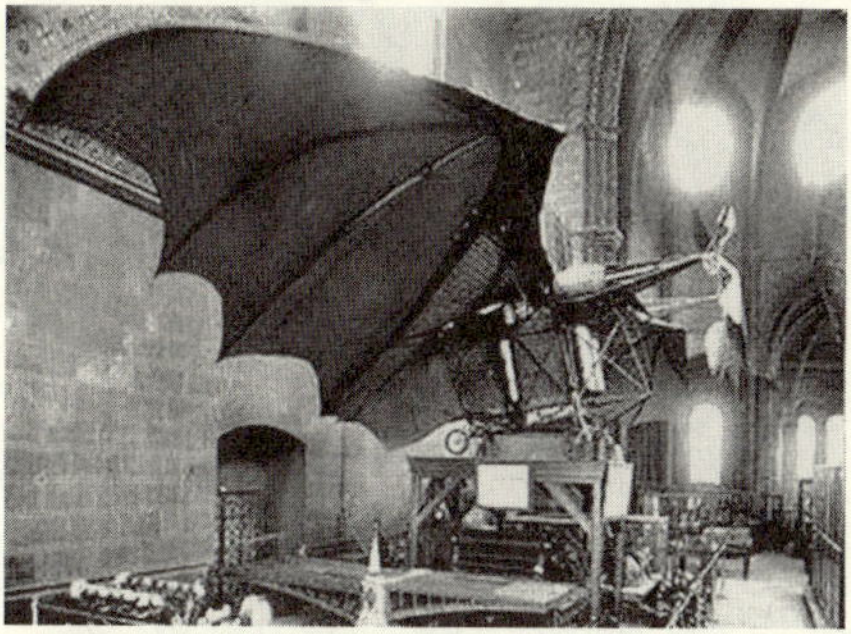
アビオン３号（1897年）

エオールは主翼をワイヤと滑車によって飛行中に複雑に変形させるもので、これが彼のコウモリ研究の成果であったが、アビオン三号では簡略化して、主翼を水平に前後移動させ、揚力中心を変化させるようにした。これで昇降舵の代用にしようというつもりであったらしいが、ハンドルとねじで忙しく回転操作する方式であったから、急場に間に合うとは思えなかった。

アビオン三号は双発であることを利用して、左右蒸気エンジンの回転を変える方向変換式とし、なお小さい方向舵を備えていた。

いずれにしても、現存するこの機体を下から仰ぐと、巨大な茶色の翼をひろげ、それが完成した一八九七年においても妖気の漂う怪物であったことは想像にかたくない。なぜかといえば、時代はすでにあと六年でライト兄弟の初飛行を見るのであるから、ストリングフェロウの模型飛行機の形態よりさらに進んだフォルムが飛行機のビジョンであった。

このときにロマンチックな黄金バット式のアビオン三号を見た世間は、当然とまどった。さらにアデールは、アビオン三号のテストを円形コース上で行なう方針を立てた。これはおそらく長い滑走を予期したためであったろうが、もし風があったら、アビオン三号は一周中にかならず向かい風のほかに横風と追い風を自ら好んで受ける形になった。この人はよほどロマンチックな性格であった。

アビオン三号は一八九七年十月にベルサイユ近くに作られた円形コースで二回テストされたが、いずれも地面を離れなかった。二回目の十月十四日には滑走を始めた直後にコースを外れて暴走した。アデールはすぐエンジンを停止したので事故にはならなかった。これら両テストは、立ち会った将官が詳細に経過を記録して陸軍省へ報告したが、そのまま役所の倉庫で眠り、発表されたのは十三年後の一九一〇年十一月であった。

この間にヨーロッパ最初の飛行は、一九〇六年、サントス・デュモンによって行なわれ、かつアデールは一八九〇年の試みで飛行しなかったと公表された。これに立腹したアデールは、一九〇六年十一月に突然つぎのような発表をした。それはエオールで一八九一年にもう一回テストしたこと、一八九七年十月十二日（同年第一回の試み）に数回浮揚したこと、十月十四日（第二回の試み）には三〇〇メートル飛行したという内容のものであった。

これらすべてのアデールの声明は嘘であったが、奇怪にもフランス陸軍省は立ち会い将官の報告書を発表することを拒んだ。このためにアデールは凱歌を上げ、前記のとおり一九一〇年に立ち会い将官の報告書が公表された後もアデールの立場を支持する人が多い。しかし、専門家の間ではアデールのアビオン三号は一回も飛行しなかったことを定説としている。

アデールは、飛行に失敗しただけならば一人のパイオニアとして航空技術史に残ったであろうが、このような行動によって一人の嘘つきとしても記録されることとなった。彼は陸軍省がおそらく予算使途などの考慮により、立ち会い将官の報告書を公表しそうにもなかったことに安心したと思われるから、なおさら問題であった。

アデールの飛行機開発はこのようにまったくの喜劇であったが、フランス陸軍省の期待に沿えなかっただけで、納税者以外に大きい迷惑をかけてはいない。また、彼の嘘も一時の興奮から出た老人性（彼が立腹したとき、すでに六十五歳であった）と考えればよかろう。

問題になるのは、アデールが飛行機研究を着想して以来、ぜんぜんグライダー実験をしなかった事実である。彼が一八七三年にグライダーを地面にロープで止めて浮揚実験を始めたときは三十二歳で、まだ活力に溢れていたはずである。それがついに自由グライダーへ移行しなかったことはきわめて消極的な態度で、とうてい世紀の大事業を成就する人物にふさわしいとは思えない。

アデールが七年かかって動力飛行機を製作したのは、その間、蒸気エンジン開発に熱中していたためらしく、機体に関してはほとんど進歩のあとがみられない。それは当然で、彼はパイロットとして自機を操縦する決意を固めていながら、飛行を身体で体得せず、また、するつもりもなかった。

身体の感覚をきわめて鋭敏に使う必要のある操縦と安定保持を、身体を張って習得しなかったら、ほかの技能のように単に痛い目にあうだけではすまない。航空でそれはときに死を意味する。

アデールは自製の蒸気エンジンを装着した機体に、いろいろなコウモリ的考案を加えただけで、あとは一切を挙げて、なんとかなるだろうと考えていたようにしか思えない。同情的に考えてみると、はじめは単に滑走するだけ、つぎにジャンプしてみて、しだいにジャンプの距離を伸ばしていくという計画だったかもしれない。しかし、いくら静かな日でも野外であるから、風などがあるはずで、それに対してなんらトレーニングしていなくても自信がもてるだろうか。

トレーニングは蒸気エンジンなしのグライダーを使えば可能であった。それを頑強に拒否したことで、この人はとうてい飛行に成功する見こみがなかった。

同じフランス人のモンゴルフィエ兄弟は、はじめに小気球、つぎにヒツジとニワトリとアヒルを乗せた気球、そのつぎは二人の人間を乗せてロープつきで二四メートルまで上昇させて安定を調べてから、ようやく人類初の自由気球の飛行に成功している。アデールは同じフランス人とは思えないほど無計画であった。

7　もう一人のやむをえなかった無計画者——その悲劇的な結末

アメリカの数学者で天文学者のサミュエル・ピアポント・ラングレイ（一八三四〜一九〇六）は、ライト兄弟が飛行の志を立てたとき、親切な助言をしたことで航空技術史上に記された人物である。

ライト兄弟が飛行機開発を思いたった一八九九年、兄のウィルバーがワシントンにあるスミソニアン協会（一八四六年に創設された準政府機関の特殊学術団体）へ航空に関する資料と、英語で書かれた文献リストを請求したとき、ラングレイは協会の幹事であった。

ラングレイは十二年前の一八八七年から飛行機の研究を始め、まず蒸気機関で駆動する旋回腕装置、すなわち長い腕の先に飛行機などの模型を固定して回転させ、空気力などを測定する実験具を作った。この装置でつめものをした鳥の実物を実験した後に、ゴム動力の模型飛行機を三十から四十種類、変型を入れるとおよそ百種類のテストをした。この実験はフランス人ペノーのゴム飛行機に刺激されたようである。

一八九二年からは蒸気エンジンによる模型飛行機の実験を始め、多くの失敗を重ねた後にようやく一八九六年になって、模型第五号が距離約一〇〇〇メートル、第六号が距離約一二〇〇メートルを飛んだ。

ウィルバー・ライトがスミソニアン協会へ照会したとき、ラングレイはアメリカ国防省から補助金をもらって、有人飛行機を計画することとなり、そのエンジンを製作させていた。この意味でライト兄弟の潜在的競争者であったが、ラングレイは後進を指導する学者らしく、返書とともに、航空に関する自著のパンフレット、リリエンタールの研究結果の英訳コピー、航空研究の先駆者のアメリカ人オクターブ・シャニュート（一八三二〜一九一〇）の著書などを送りとどけた。

サミュエル・ピアポント・ラングレイ

話がここですめば美しい結末であった。しかし、ラングレイは困難な航空先駆者の道を後進とともに歩んだ。

ラングレイは蒸気エンジンつき模型飛行機を一八九二年から九三年にかけて四種製作し、奇妙な番号づけを行なって第〇号から第三号までとした。機名はもっと奇抜で、エアロドローム

ラングレイの模型飛行機（1896年）

号であった。エアロは空気、ドロームは場所であるから、この機名はどう考えても飛行場である。とにかく、機名はどうでもよかったが、模型飛行機はすべて失敗であった。

さらに第四号（一八九三年）も第五号（一八九四年）も失敗で、安定は悪く、主翼が飛行中に変形し、ポトマック河畔から打ち出すカタパルトまで、さかんに故障した。一八九四年暮れには、まだ飛行らしい飛行をしたものはないと嘆いている。

一八九六年にはエアロドローム第五号を改造して、それまでの尾翼つき単葉をはじめてタンデム式、すなわち主翼も尾翼も同じ大きさ、いいかえると前後して配列した二枚の主翼とした。同じ年に、エアロドローム第四号をやはりタンデム主翼に改造して第六号と改名した。前記のとおり、これら両模型はようやく飛行に成功した。これらは模型といっても主翼面積約六平方メートル、畳四枚近くの面積で、蒸気エンジンの出力約一馬力、総重量約一四キログラムの大型であった。

ラングレイはこの結果に満足し、実物飛行機の製作に必要な努力、時間、費用の大きさを考えて、有人飛行機は製作しないと堅く決心した。ところが周囲の事情がそうさせなかった。それは一八九八年にアメリカがスペインに宣戦布告したことであった。大統領マッキンレイはラングレイの模型機の飛行に感銘を受け、軍事委員会を設けて調査することを命じた。大統領は模型飛行機のなかに潜在する軍事用途を感じとったのであろう。

この結果、ラングレイはその「堅い決心」を放棄して、一八九八年に国防省から五万ドルの研究費を受けて、有人飛行機を建造するという、輝かしいが反面において大胆きわまる計画を受諾した。

ラングレイはその模型飛行機開発経過からみて、技術者として、とくに設計者として恵まれた才能の人とは考えられない。四年にわたる蒸気エンジンつき模型飛行機の実験の後の一八九五年に突然タンデム主翼を思いついたのも、イギリス人D・S・ブラウンが一八七三年から七四年にかけて実験し、一八七四年のイギリス航空学会年報に発表したタンデム式にヒントを得たものと推定されている。なぜなら、ラングレイはこの年報を読み、かつイギリスを訪問した後に自分のタンデム機改造を行なったことがわかっている。さらに、ラングレイのタンデム機は後方に昇降舵を備え、ブラウンのタンデム機に酷似している。

タンデム機は前にも述べたように、両手のそろったヤジロベエで、重量の点では小さい尾翼を長い胴体の先にとりつけたものより損である。しかし、天然にはトンボというタンデム機があるのではないかといわれそうであるが、トンボは尾端を産卵などのためにフリーにしておく必要があるからで、そんな拘束のない飛行機は模倣すべきではない。

したがって、ラングレイの模型飛行機がそれまで失敗したのは、タンデム式にしなかったためではなく、他の基本的欠陥、とくに安定に対する考慮不足などが原因と思われる。一口にいえば、ラングレイの設計が悪かったにちがいなく、たまたまブラウンのタンデム主翼配置を採用したとき、基本法則（要するにヤジロベエ原理）が充足されていたのであろう。ブラウンという人は、いろいろなタンデム模型機で縦安定の研究をしていたから、適当な配置に関して結論を得ていたと思われる。

このような技術的考察よりも、ラングレイの精神安定がもっとも重要である。いくら大統領の命令でも、学者として自信のない研究、いや開発といったほうが適切であるが、そんなものに着手してはならない。ラングレイがその後たどった道は、よろめいて悲惨であった。

ラングレイは、有人飛行機の最重要課題がエンジンであると、これは正しく判断した。そこで一八九八年にニューヨークの技術者スチーブン・M・バルザーに重量一〇〇ポンド（四五キログラム）以下で出力一二馬力以上のガソリンエンジンの製作を依頼した。この要求は馬力当たり重量が三・七五キログラムに相当し、当時の自動車ガソリンエンジンではとてもむりであった。ラングレイはこのエンジン二台を有人エアロドローム機に装備して、二本のプロペラを回転させる計画であった。二本のプロペラを使った理由は、タンデム前後主翼を結合する胴体両側に装着するためである。

依頼を受けたバルザーは五気筒の空冷星形回転式（クランク軸固定でシリンダおよびクランク室がプロペラとともに回転する）エンジンを製作した。その重量はラングレイの仕様どおりであったが、出力は八馬力にとどまり、しかも数分だけしかその馬力を発生しなかった。

ラングレイの助手チャールズ・マンリーはエンジンを担当したので、バルザーのエンジンを引き受けて改良した。しかもラングレイの新しい要求により、一台のエンジンで二四馬力を出す目標に向かって努力した。マンリーはバルザーの回転式を改めて固定星形（シリンダとクランク室は固定で、クランク軸が回転する通常型）に変更し、重量は五気筒のまま九四キログラムに増したが、出力はラングレイの要求の二台分を上まわる五二馬力となり、一台でたりることになった。この馬力当たり重量は一・八キログラムと、きわめて優秀な成果であった。

マンリーの業績もバルザーの基礎あってのことで、マンリーが後にバルザーのことを無視していることはフェアでない。それはともかく、このいわばマンリー・バルザー式エンジン一台の出力でも有人エアロドロームを飛行させるには不足であったものと推定されている。

ラングレイは一九〇一年に、小型ガソリンエンジンを装備した四分の一縮尺の模型飛行機を製作した。このエンジンはバルザーがやはり回転式として製作したが失敗したため、やはりマンリーが固定星形に改造した。この四分の一縮尺模型は一九〇一年六月に数回テストしたが、やはり失敗作で、ようやく一回の飛行に成功したのは二年後の一九〇三年八月であった。

この間に実物有人機エアロドローム（A型と呼ばれた）が製作され、翼幅一四メートル、翼面積九七平方メートル、総重量（操縦者とも）三三〇キログラムの機体が一

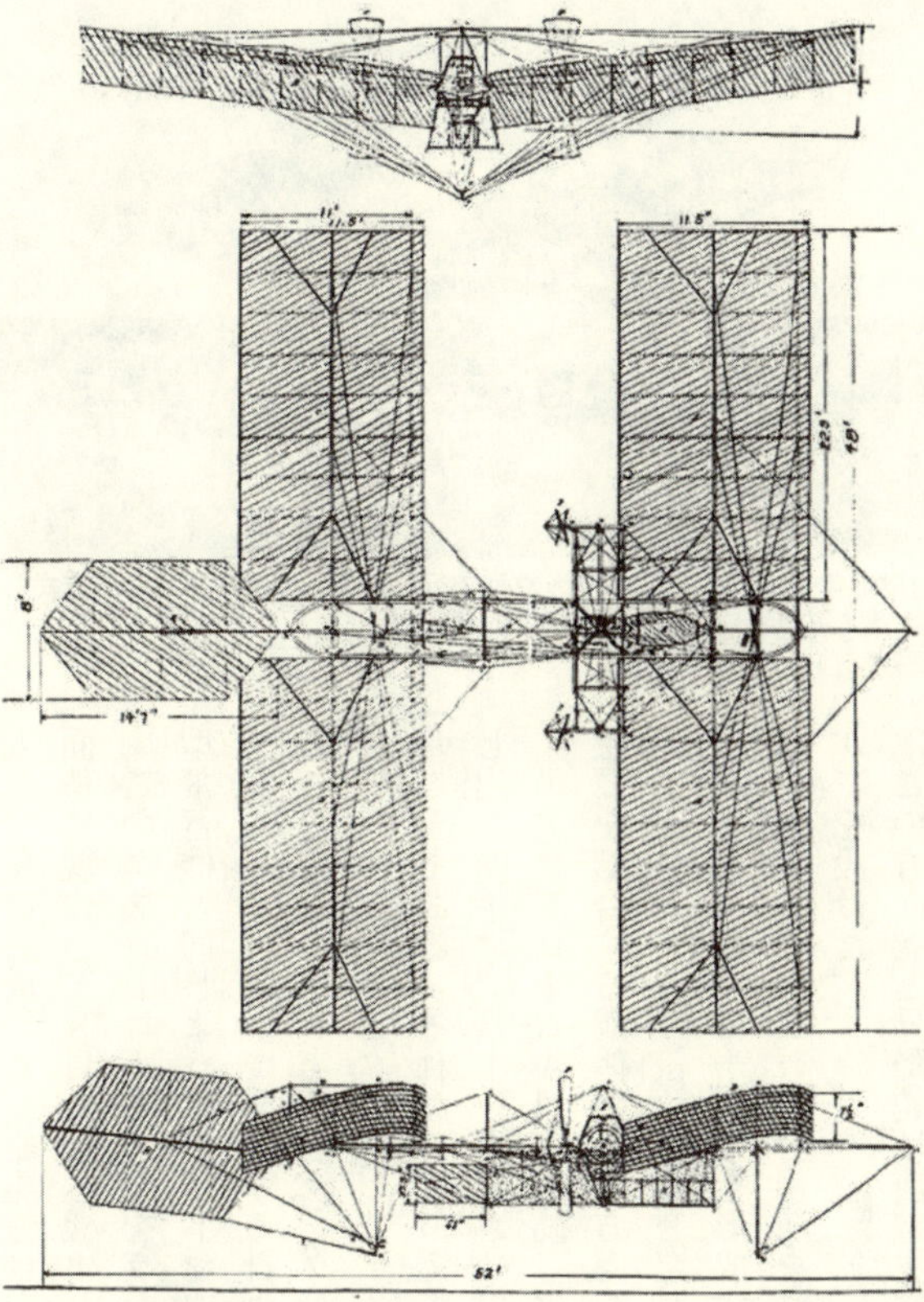

実物有人機エアロドロームＡ型（1903年）

1903年10月7日，ポトマック河で行なわれたカタパルト射出方式によるエアロドロームA型の有人飛行実験

九〇三年に完成した。総重量はともかく、翼面積は現代のＹＳ11型輸送機よりも大きい。
このエアロドロームA型をラングレイは模型飛行機と同じように、ポトマック河の河船上からカタパルトで発射する計画を立てた。ここで驚くべき事実は、ラングレイが一度もこの機体をグライダーとしてテストしなかったことである。それなのにあえて自発的に申し出た助手マンリーを搭乗させている。
エアロドロームA型は前後二枚のタンデム主翼を結合する胴体の下に方向舵（利きが悪い）をとりつけ、後方主翼の直後に昇降舵と、それに直角に十文字を形成する固定の垂直安定板（なぜこれへ方向舵をつけなかったか）を設けた。
この方向舵と昇降舵は前方主翼下の胴体に

吊るした操縦席から操舵できたが、マンリーは操舵したらなにが発生するか、ぜんぜんわかっていなかった。これは当然のことで、河の傍らに広い場所があったのに、ラングレイはそこで滑走実験する計画も立てなかった。

したがって忠実なマンリーも、方向舵を操作すれば、旋回を開始すると同時に、機体が横すべりを起こすことを知らなかった。これは自動車で平らな路面で急カーブを切るときに発生する現象と同じである。横すべりが始まったら、それを修正する装置（補助翼）をラングレイは考えてもみなかったのである。

ぜんぜんリハーサルなしで人類未踏の飛行を敢行しようとしたラングレイの決心は、壮挙ではなくて愚挙であった。カタパルトで水上めがけて打ち出す方法は、模型飛行機ならいざ知らず、こんどは人間が乗っていることを考えれば、きわめて危険なもので、ラングレイは物理学者の資格がなかったとしかいいようがない。

機体が時速五〇キロメートル近くの速度で打ち出された後に水面に降下すれば、真っ先に衝撃を受けるのは主翼下に吊るしたマンリーの座席である。しかも、彼の頭上では一〇〇キログラム近いエンジンが毎分九五〇回転しているはずである。操縦席に浮き袋をとりつけた用意と、この水面が衝撃を吸収するであろうと考えた不用意は、奇妙に対立する思考であった。

一九〇三年十月七日と十二月八日に発生した二回の事故で、マンリーが負傷もせず、まして命を失わなかったことは天の恵みであった。いずれの場合も、マンリーは着水した機体の下からもがき出た。二回の事故とも、機体はカタパルト装置に衝突した疑いがあり、また二回目の事故では機体が発射中に破損した可能性があった。

カタパルト装置によって三三〇キログラムもある機体を確実に打ち出せるか、発射後に安定した飛行が可能かは、マンリーを乗せずに、まず無人で試験すべきであった。これは、結果から批判しているのではなく、それこそが科学者の態度であったと主張したい。

ラングレイがマンリーに飛行させたのは十月初旬であった。ましてつぎの十二月初旬は、ワシントンは寒冷の季節であった。ラングレイはそのとき六十九歳の老年であったから自分で搭乗することは論外としても、助手を水中に突入させて、溺死あるいは凍死させる危険を絶対に冒させるべきではなかった。

ラングレイは以後、一切の航空研究を中止した。これは新聞と議会の強烈な批判、ときには理不尽な攻撃を受けたためである。また、それは国防省から研究費を受けた報いで、そのためにラングレイの正しい判断がくもり、あるいは焦って、致命的な錯誤を犯してしまった。こうしてラングレイは失意のうちに三年後の一九〇六年二月二十七日に没した。

ラングレイの死に対して、ウィルバー・ライトはシャニュートへの書信のなかでつぎのようにいっている。

「ラングレイはエアロドローム号の発射に失敗しただけで、初飛行の名誉を逸したことは惜しい。もし発射が成功したら、十分な飛行が可能であったかもしれない。たとえ着陸にあたって墜落しても、ラングレイが望んでいた名声は手に入ったと思われる。偉大な科学者ラングレイが飛行機の可能性を信じていたことは、われわれ兄弟が航空研究を思いたった原因の一つであった」

ラングレイのエアロドロームA型は、一九一四年に改修してグレン・カーチスが飛行に成功したから、ウィルバーのいう可能性は存在した。しかし、一度ライト兄弟の飛行機が成功した後は、カーチスのパイロットであったリンカーン・ビーチイが放言したように、エンジンさえつければ台所のテーブルだって飛ぶのである。

ラングレイの航空技術に対する寄与はゼロではあったが、やむをえない事情によったにしても、結果として自己の名誉を犠牲にしても飛行の可能性を立証しようとした点は評価できる。すくなくともライト兄弟に対しては、その航空研究をスタートさせることになった。ただ残念なことには、自分のエアロドロームA型をスタートさせることには失敗した。

その原因は機体の安定も不良であったが、それよりも自己の精神安定を確立せずに無暴な技術計画へ立ち向かったことにある。

8　真に身体を張った第一人者——しかし早すぎた墜死

エンジンつき飛行機で飛行する前に、エンジンなしのグライダーで飛行練習をすることは初期パイオニアたちにとって、もっとも安全に、もっとも確実に空を習熟する手段であった。

現在のパイロット養成は、まず教官の操縦する飛行機に同乗して空中感覚を体験し、しだいに簡単な操舵から教育を受けた後に単独飛行へ移る。それをいきなり単独で、しかも、はたして飛ぶかどうかわからぬ機体で飛行を試みることは恐ろしいことにちがいない。つまり、飛ぶつもりの人間にとっては、未知の空と、未知の機体の二個の疑問が立ちはだかっていることになる。

それを解決するには、まず未知の空に慣れることが一案である。それには無人でテストして素性がほぼわかるものになったグライダーに搭乗して、空へ上がることがよい。これによって空の様子、すなわち突風その他もろもろの現象に慣れ、どんなときにどんな操舵をすればよいかを知ってから、いよいよエンジンをつけた実物飛行機に

オットー・リリエンタール

移って真の飛行を完成する。

次案としては、まず未知の機体に慣れることである。すなわち最初からエンジンつきの実物飛行機に乗るけれども、まず地上滑走から始める。滑走が手に入ったら、つぎにちょっとジャンプしてみる。ジャンプをしだいに長くしていって機体に慣れようとするが、残念なことには、ジャンプは飛行でないから、いくら長く繰り返しても空中における機体の本性を現してくれない。

この二案のうちでは、もちろん前者がすぐれている。なぜかというと、エンジンをつけた実物飛行機でいよいよ空へ上がったときでも、エンジンを絞ればグライダーになるからである。

この理由により、ドイツ人オットー・リリエンタール(一八四八〜九六)が世界ではじめてグライダーで空へ上がって飛んだとき、航空の過去はすべて彼に結集し、航空の未来は彼のなかに誕生したといってよい。

リリエンタールはこんなことをいっている。

「人間が早く飛行可能になるただ一つの道は、実際の飛行実験を系統的に、かつ精力的に実行することだ」

そのとおり彼は、一八九一年から死にいたる一八九六年までの五年間に、およそ二千五百回のグライダー飛行を行なった。この多数のグライダー飛行は彼の自宅近くに築いた人造丘（いまでもベルリンのリヒターフェルデに残っていてリリエンタール山と呼ばれている）から飛んだものが多いけれども、これは一八九四年以降である。

リリエンタールは適当な場所を求めて探しまわり、ベルリンから西へ汽車で一時間半かかるノイシュタット・アン・デア・ドッセの南にそれを発見した。この天然の丘はリノウの村近くにあった。さらにやや高くて周囲に障害のない丘は、それから遠くないシュテルン村のゴレンベルクであった。ここは風向きにかかわらずグライダー滑空が可能なほぼ円錘形の地形であったけれども、鉄道駅で下車してから馬車で一五キロメートルほど南へ下る場所であった。リリエンタールの自宅からベルリンへ出るまでに汽車ですでに一時間かかったから、現場まで到達する行程だけでも半日仕事であった。

ベルリンはだいたいにおいて風の少ない土地であるから、天然の風のなかで滑走しようと思えば、リノウまで出向かなければならない。そこへ出かけて、農家に預けて

飛行姿で丘の上に立つリリエンタール

あるグライダーを馬車に積んで丘の麓まで運び、さらに数十キログラムほどあるグライダーを丘の頂上までかつぎ上げた。このような飛行を含んだ二千五百回の滑空を、精力的といわずになんと呼ぶべきであろうか。
そもそもリリエンタールとはいかなる人物であるかの疑問を私はもっていた。われわれがイメージにもっているこの先駆者の姿は、怪しげなコウモリ的翼を肩にして、短ズボンとストッキングをはき、ひげ面で丘の上に立ち周囲を睨んでいるものである。とくに注意をひくのは、その飛行中の写真のできばえがよく、いまでもいきいきと空を滑っているように感じられる。
このリリエンタールはどんな生活をしていたか、なんのためにグライダーを始めたのだろうか、やがてはどうするつもりだったかなどの疑問に答えないと、この人物の人間像は浮かび上がってこない。人間から昇華したリリエンタールはギリシャ神話のイカルスと同じように、永久に空へ駆け登ろうとして墜落した神話のなかにとどまっているだけである。

リリエンタールは北ドイツのアンクラム市に生まれた、貧しい織物商の長男であった。父が早くに死んだので、弟グスタフとともに母を助けて自活の道をたどり、苦労して工業専門学校を卒業した。このような環境でリリエンタールの願望は、一日も早く独立した工場主になることであり、勤め人の生活ははじめから考えていなかったことが注目される。もう一つ注意をひく事実は、彼が少年のころから鳥の飛行に興味をいだき、幼稚な羽ばたき模型から始まり、奨学金などを受けてすこし生活が楽になった一八六九年、すなわち二十一歳のときには弟と協力して羽ばたき飛行機の実験をしたことである。

学校を卒業後はいろいろな機械開発を手がけたが、すぐ想像できるように、大当たりはなかった。当時ドイツは普仏戦争でフランスに勝って好況であった。リリエンタールは戦争に従軍したが、一八七一年に凱旋して除隊となったとき、出迎えの弟グスタフに向かって、こんどは安心して航空研究ができるぞと叫んだという。

このようにリリエンタールは航空を研究するために生活の道を切り開いた人で、生活の余暇に道楽として航空を研究したのではなかった。

リリエンタールの技術開発のなかに鉱山用手動の岩盤切開機があった。これはついに商売にはならなかったが、ザクセンの鉱山へ試験に出かけたときに知り合った職員の娘と結婚した。時は一八七八年でリリエンタールは三十歳になっていた。

リリエンタールがようやく小さい工場主になったのは一八八一年のことで、一台の旋盤と万力二台で始めたが、三年後の一八八四年には従業員が六十人ほどにふえていた。仕事はボイラーや蒸気機関の製造であった。

生活が安定したリリエンタールは一八八六年、ベルリン南郊外リヒターフェルデ・オストに住宅を構えたが、そこには航空研究用の空地を作った。リリエンタールは学校を卒業後にベルリンの機械工場に就職したが、住居に羽ばたき翼の実験装置や旋回腕装置などを作って研究した。しかし、一八七五年からは工場経営の準備にとりかかり、とくに商品としての技術開発に努力したので、好きな航空研究は一時中断した。

それを新居に移るとともに再開し、基本実験と観察を行なった成果は、一八八九年に出版した『飛行術の基礎としての鳥の飛行』となった。これだけですんだら、町工場の主人の高級な道楽であったが、リリエンタールがそれで満足しなかったところに、彼の先駆者精神とその後の宿命がひそんでいた。

リリエンタールは一八八九年に有人飛行の準備として、弟グスタフとともに自分たちの研究にもとづく主翼を作って風の中で実験したが、みごとに失敗して砂地の中へとんぼがえりをした。一八九〇年にも似た実験を試みたが、やはり失敗であった。そこで一八九一年には初心へもどり、まず無風状態から始める決心をした。主翼はヤナギの枝で骨を作って布を張り、塗料を施して耐水性をもたせた。主翼面積は八平方メートルで畳五枚分であるから、かなり大きい。重量は一八キログラムであった。

この主翼は左右二枚の鳥の翼に似た形のもので、その主骨を中央で交差させて胸の前に持ち、まず庭に設けた高さ一メートル、長さ約八メートルの台上を走って地上へ飛び下りた。このときリリエンタールは四十三歳の分別盛りではあったが、もはや若かったとはいえない。

練習を積むと、台の高さを二メートルに増して、六メートルから七メートル飛躍することができた。重要なことは、この飛躍によって自分の体重を翼で支えている感じをもつことができたことである。いわば鳥の感覚をつかみ始めたのである。もちろん、はなはだ初歩的なスタートであったが、四十三歳の決心であったことに注意する必要がある。

やがてリリエンタールは野外に出て、ベルリン郊外で実験を行なったが、翌一八九二年の、もはやグライダーというべき機体には、水平尾翼と垂直尾翼がついていた。

ここで気がつくことは、リリエンタールの飛行思想である。彼は自著の表題にも命名したとおり、鳥こそ人間飛行の模範といった。たしかに鳥は飛行の手本であるけれども、人間の飛行までそれにならって羽ばたきをすべきかは疑問である。ダ・ビンチは心情的に鳥に対して憧憬を捧げたが、それはむしろ芸術家の態度であった。

ケーリーは人間飛行の基本原則として浮揚と推進を離婚させた。鳥は羽ばたきによって空気を後下方へ押しやり、その反動で揚力と推力（推進力）を得る。その羽ばたきが鳥でなければ不可能なほど微妙な技というよりも、鳥よりもはるかに重量の大きい人間では、自己の体重を支えるだけの空気量を下へ押しやることが困難である。

鳥よりも体重がはるかに小さいミツバチなどが、身体に比べて小さい羽根を目にもとまらぬ速さで羽ばたかせて、花から花へ楽に飛んでいるさまを見ると、身体の小さい動物ほど羽ばたきは容易なことを知る。チョウなどの羽ばたき飛行はそのよい例である。

体重の大きい人間が自力で飛ぶため（人力飛行）には、羽ばたきでなしに、ケーリーがいみじくも看破した原理に従って、まず推力を発生させ（プロペラなどを人力、すなわち腕と脚の力で回転すればよい）、それによって前進し、その前進速度によって主翼に揚力を発生させ、それで体重を支えることが最上である。このとき、鳥のような直上飛行は不可能であり、斜めに長い道程を飛んではじめてある高さに到達する。これは人間が発生させる力が小さいからやむをえぬ迂回である。

そのグライダーの主翼に鳥の形態を与えたこと、若いときから羽ばたき飛行の研究を行なっていたことなどによって、リリエンタールは動力による羽ばたき飛行を考えていたことがわかる。なぜプロペラを使わなかったかというと、それは主翼まわりの気流を乱すと信じていたからである。ここには、偉大な先駆者であったにもかかわらず、なにか先入観と、少年以来の鳥に対する賛美が感じられる。リリエンタール自筆の水彩画に、優雅な姿で旋回飛行を続けているコウノトリのいろいろな姿態を描いたものがあるのは、この象徴にちがいない。

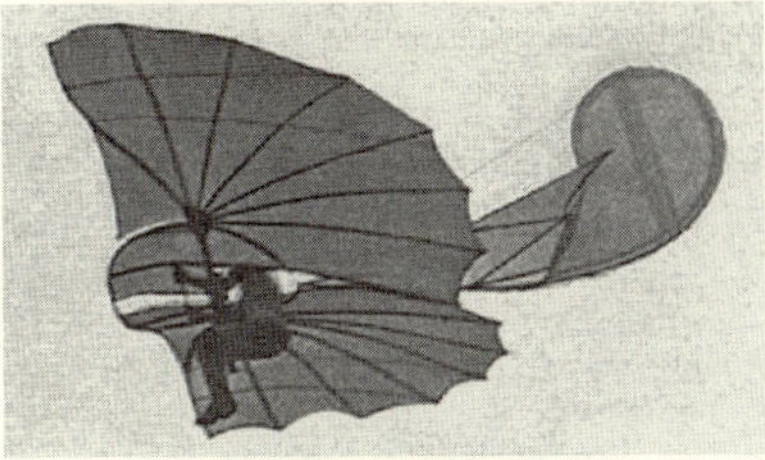
リリエンタールのグライダー（1894年）

先に述べたリノウの天然丘を発見してグライダー飛行を行なったのは一八九三年で、そこで飛んでいる写真はいまでも多数残っている。このころ写真技術は一八七一年の乾板発明によって高度に発展し、一八九〇年代に入ると写真印刷が行なわれて、リリエンタールの飛行のニュアンスを生き生きと世界に伝えることができた。

また前記のとおり、翌一八九四年にはリヒターフェルデ・オストに高さ一五メートル、基礎直径七〇メートルの円錐丘を築き上げて、その頂上から飛んだ。頂上には格納庫を設けてグライダーを収容し、滑空にはその屋根から離陸した。離陸のときは主翼を下げて斜面を助走してから風に乗ったが、風が強いときは頂上からそのまま風に乗り、あとはグライダーとなって人間の身体の重量で滑空した。

当然のことだが、グライダーはエンジンがなくて推力ゼロだから、エンジン推力の役割を重力が代わって果たす。すなわち、機首を下げたグライダーに作用する重力のわずかな前向き成分が推力になる。もし機体が突風などによって機首を上げたら、たちまち推力ゼロとなって前進飛行は不可能となり、機首下げ姿勢に陥って墜落する可能性がある。

リリエンタールのグライダーには昇降舵が（補助翼、方向舵も）なかったから、機首が上がったら間髪を入れずに身体の下半身を前方へ振って、その重さによって機首を下げなければならない。また、グライダーが（飛行方向に向かって）左へ傾いたら、身体の下半身を右へ振って機体を右へ復元する。ところが、つい傾いた左側が地面へ近いので、そちらへ足を出して接地しようとする本能的動作の誘惑に駆られやすく、そのとき傾きは増大して危険となる。

それを克服してグライダー飛行に励むと興味はかぎりなく増し、リリエンタールはその誘惑に引きずりこまれて二千五百回の飛行を積み重ねた。これとともにグライダーも改良を加えて、最初の不成功であった無尾翼型から通算すると約二十種を開発している。そのなかには複葉型もあったが、一貫して身体を動かして機体・人間、それこそ現代語でいえばマン・マシンシステムの重心位置、というよりも身体の屈曲による復元力（正確にはモーメント）で安定を保つ方式であった。

そのグライダーは、上反角のついた主翼に対して、水平尾翼と垂直尾翼を装置していたけれども、補助翼、昇降舵、方向舵のすべてを欠いていた。ただ一つ注意すべき形態は、第六号グライダー以後に、水平尾翼が前縁固定で後縁が自由に跳ね上がり、主翼に対して上に開いたV字形の開き角を小さくし、いつでも昇降舵の上げ舵をとった状態にしておく方式であった。

リリエンタールはこの水平尾翼跳ね上げ方式で急降下を防ぐつもりであったけれども、無理に機首を持ち上げると、主翼の迎角《むかえかく》（空気流に対して主翼が作る角）が増大し、ある迎角で主翼が失速する現実、いわば飛行機にとって悪夢が発生する。主翼が失速したら、揚力は低下するのに抗力は急増するから、破滅状態となって墜落するのである。

ここで失速という現象について触れる必要があろう。失速は英語でストール、すなわち立ち往生の意味で、この用語から直観できるように、まず速度を失うことではない。たとえば、わが日本経済の失速と表現するとき、いままで順調であった日本経済の伸びが止まることを意味する。グライダーあるいは飛行機で失速と呼ぶ現象は、機首が上がって主翼と飛行速度（かならずしも水平ではなく、たとえば、上昇中は水平より上に向き、下降中は水平より下へ向く）とのなす迎角が、ある角（失速角といって、主翼の断面形によってちがうけれども、二〇度前後）を越すことを指す。

主翼の迎角が失速角を越すと、それまで迎角増加とともに順調に増してきた揚力は急減し、迎角とともにゆるやかに増してきた抗力は急増する。これは経済で収入が急減し、支出が急増したに等しいから、収支決算は一挙に悪化して破滅状態に陥る。

いいかえると、失速は主翼の迎角が危険な上限を突破したことを意味し、その結果としてグライダーあるいは飛行機の速度が急減する。それならば、なぜ「迎角上限突破」的な術語にしないのかといえば、飛行機の速度計（空気に対する速度だから、正しくいえば対気速度計）はその目盛法のため、速度よりも迎角を示すからである。すなわち、速度計の目盛から読んだ速度（計器速度）は高度による空気密度の補正をしなければならないが（真速度は計器速度より高い）、高度いかんにかかわらず同じ迎角は同じ計器速度に対応する。したがって、パイロットは速度計を見ながら常に失速角に相当する失速速度以上に計器速度を保つよう操縦しなければならないのだ。

万一、計器速度が失速速度より下がると、主翼は破滅状態に入り、機体速度は結果として低下、いや、それどころではなくて墜落の危険がある。またちょっと経済の例へもどると、日本経済は単に経済の伸びが鈍っただけのことで、速度が減っただけでは失速は発生しない。それは支出が急増したのに収入が激減して、ある限界、いわば失速角を越えたときにはじめて発生するのである。

ここで再びリリエンタールに返ろう。

彼は一八九六年八月九日、シュテルン丘で標準型と呼んで信頼していた単葉グライダーに乗って飛行中に、一五メートルの高度から墜落した。この日は晴れていたが突風の多い日で、リリエンタールが離陸して、はじめはなにごともなかったが、突然突風によってグライダーは静止した。このとき、たとえグライダーが地面に対して静止しても、空気がグライダーに対して相対速度をもっているかぎり、そのままでは失速しない。

グライダーが墜落したのは、機首が上がって失速したことが原因にちがいない。現にリリエンタールは最後の瞬間に脚を前へ投げ出して、機首を下げようとしているが、これは失速を恐れた証拠である。

リリエンタールは意識を失っていたが、回復すると、たいしたことはない、ちょっと休んだらまた飛ぼうといった。しかし、助手は村の宿屋へ運んで医師を呼んだ。医師は下半身が麻痺していることを診て重傷と判断し、弟グスタフを呼び寄せ、ベルリンの病院へ至急入院させるように手配させた。

弟と医師が付き添って、ノイシュタット駅まで一五キロメートルの道を馬車で三時間かかって輸送する間はリリエンタールに意識があったが、列車に乗せて運ぶ途中で再び意識を失った。そして翌八月十日夕刻、ベルリンの病院で死んだ。脊椎が折れていたので、どうにもならなかった。

リリエンタールの死は、その前からよく口にしていた言葉、「犠牲は払わなければならぬ」を具体化したものであった。

彼に死の予感があったか否かは不明であるが、この前から弟グスタフはしきりに兄にグライダー飛行を中止して、動力飛行に進んだらどうかと説得したことはたしかである。グスタフはそのころもはや兄の飛行に対して傍観的であった。ライト兄弟のようにならんで名の出ない理由はここにあった。

リリエンタールの悲劇は、四十八歳のもはやけっして若くない年齢までハンググライダーに執着していたためである、などとそれこそ傍観者的批評は慎しむべきであろう。リリエンタールはそんなことを知っていて犠牲のことを発言したとも思われる。

ただ惜しまれるのは、飛行の研究を始めた一八七二年ごろから死の一八九六年までの二十四年間、そして自らグライダー飛行を開始してから五年間の成果が結実しないで終わったことである。最後は、炭酸ガスボンベの圧力で作動する羽ばたき飛行機と、積極的に身体の姿勢によって操舵する水平尾翼を設計していた。すなわち、操縦者が身体の上半身を後ろへ傾けると水平尾翼の後縁が上がり（前縁は固定）、ちょうど昇降舵を上げ舵にした状態にする方式であった。

偉大な先駆者が没したときにいわれる表現のとおり、もしリリエンタールが事故にあわなかったとしたら、航空技術史は書き換えられていたであろうというのは簡単である。しかし、リリエンタールはついに最後まで羽ばたき飛行機に執着していたのであるから、実験によってその困難を確認し、凧式の固定翼飛行機に立ち返るまでには相当な時間を要したにちがいない。

リリエンタールの功績は、自分の身体を張って飛行に挑戦して、そのために倒れたことにある。すなわち、彼は麦の貴重な一粒であった。現にライト兄弟はリリエンタールの死によって飛行の志を立て、その三年後の一八九九年に行動を起こした。リリエンタールが犠牲のことを口にしたのは、やはり世代が交替してはじめて飛行機が実現することを予感していたためかもしれない。羽ばたき飛行機と身体を振って安定を保つ方式は、鳥でない人間には荷が重すぎ、かつ失速という落とし穴が待ちかまえていた。

9　当然の成功者――すべての条件は備わっていた

このように歴史をたどってくると、結果がわかっているためばかりではないが、ライト兄弟こそ当然の成功者といえよう。その話に入る前に、リリエンタールとライト兄弟を結ぶもう一人の人物を導入しなければならない。それによって歴史は突変、すなわち突然に変化するものではなくて、漸変するものであることがよく理解できる。

それはフランス生まれのアメリカ人オクターブ・シャニュート（一八三二〜一九一〇）である。土木技師として成功し、一八九一年十月から、それまで収集した飛行機の資料を鉄道技術雑誌に連載し、一八九四年に『飛行機械の進歩』と題する著書にまとめた。これはリリエンタールの鳥の飛行に関する著書とともに、初期航空の二大古典となった。とくにシャニュートの著書は、それまでの成果と今後の課題を知るためには絶好な手引き書であった。

一八九六年、六十四歳になったシャニュートは、リリエンタールのグライダーに刺激されて、世の発明家たちに実物グライダーを製作して飛行実験をすることを呼びかけた。さらに進んで自分でも実物グライダーを設計し、もはや老年の身であったから、オーガスタス・M・ヘリングという若い技術者の協力を得て設計および飛行を実行してもらった。

シャニュートは著書を出版したときがすでに六十二歳で、人生の終着駅に接近したときであったから、それがライト兄弟の参考になっただけでも、著者としては本望であった。

オクターブ・シャニュート

シャニュートのグライダーは、一八六八年のストリングフェロウ模型にヒントを得たとされているが、実用的な複葉翼組を採用している。これは土木技師としてのセンスから好んだものであったと思われるが、ライト兄弟の複葉機へそのまま継承された。もっとも、シャニュートのライト兄弟に対する技術的影響はこれだけであった。

シャニュートは最初に多葉のグライダーを試みたが、やがて三葉に減らし、最終的には複葉となった。これもリリエンタールの複葉グライダーを参考にしたかもしれない。いずれにしても、安定はリリエンタール以来のハンググライダー方式によっていたが、ただ、両脇の下へレールを敷いて身体の前後移動を可能にし、主翼の後方にはケーリー以来の水平と垂直な直角に交差させた尾翼をつけた。

この複葉グライダーは成功で、ヘリングが搭乗して、一八九六年八月から九月まで、最長一〇九メートルの飛行を行なった。場所はシャニュートのシカゴの住居から遠くないミシガン湖南岸であった。これはちょうどリリエンタールが死んだ時点と一致する。

シャニュートのグライダー（1896年）

ライト兄弟がシャニュートに接触したのは一九〇〇年であった。これは兄ウィルバーがシャニュートに手紙を書いて、前年の一八九九年五月にスミソニアン協会のラングレイから資料を入手し、八月には翼幅五フィート（約一・五メートル）の凧を製作した経過を述べ、今後の進め方を相談したときである。シャニュートの名は、ラングレイが送ってくれた著書によってすでに知っていた。

さてここでシャニュートの役割を考えてみよう。彼はリリエンタールのハンググライダーを踏襲したが、そのコウモリ的主翼は受け継がなかった。これは羽ばたき飛行に執着のなかった証拠と考える。そしてケーリーの伝統にもどって、凧式飛行機へ復帰した。それは尾翼をケーリーの模型から取り入れたことでわかる。そのとき、主翼組はストリングフェロウ模型に従った。

このように、シャニュートはよく文献を調べただけあって、正則な技術の流れに従ってそのグライダーを設計することができた。ただし、それだけであって、リリエンタール以上に出ることはなかったし、また動力飛行へ進むこともしなかった。これも考えてみれば当然である。六十四歳でヘリングにグライダー飛行をさせただけでも十分に進歩的な行動であり、それより先への前進を望むこと自体が無理であった。

さて、ライト兄弟、とくに兄ウィルバーに飛行の志を立てさせた原因は、それまで興味をいだいて見ていたリリエンタールの飛行が一八九六年の悲劇で終わったことである、と本人が述べている。しかし、そこですぐ行動に移らなかったことは注目に値する。

三年後の一八九九年に、突然ウィルバーが飛行機開発の堅い決心をした動機は、鳥の飛行を観察しているうち、突風で転倒しかけたコンドルが羽根の両端を互いに逆にひねって横の釣り合いを回復することを発見したため、とウィルバーの手記にある。

これは技術的なきっかけだが、もう一つの重大な要因は経済的背景と考える。

高校だけの学歴で、デイトン市西三番街に自転車修理から自動車製造へ移行した店を開いたのは一八九五年といわれる。その翌年はリリエンタールの没年であったが、そのニュースがウィルバーの心を動かしたことはたしかであっても、行動を起こすには資金不足であった。それがさらに三年後の一八九九年になると、かなりの銀行預金もできたし、店の商売も順調で、年収三〇〇〇ドルほどに達したようである。それに加えて、先に述べた鳥の観察による霊感が兄弟にスタートを切らせたにちがいない。

ライト兄弟。兄・ウィルバー（左）と弟・オービル（右）

ここで、ライト兄弟に関して基本的に重要な背景を二つ強調する必要がある。すなわち、

⑴　兄弟は最初から商品として飛行機を開発する決心であった。

⑵　彼らは積極的に操縦可能な機体を設計する計画であった。

右の⑴は、兄弟が最初から最後まで自己資金で開発を進め、シャニュートなどが出資を知人の資本家に頼んでやろうかと話したのに対して丁重に断わったこと、一切の経費支出を明細に記帳していたことなどから知られる。

この点では、偉大なリリエンタールもその意図がはっきりしていない。その熱意は痛いくらい理解できるけれども、そのグライダーをいくつか同好者へ譲ったり、または売却したぐらいで、スポーツ用具として販売するつもりはなかったようである。さりとて、当時の軍国ドイツの軍事研究として補助金を申請したわけでもなかった。アメリカからラングレイがリリエンタールの飛行を参観にリヒターフェルデ・オストへきたとき、リリエンタールは弟グスタフに通訳をさせて、数千ドルの補助金をもらうつもりであった。しかし、この訪問のときのラングレイはきわめて高慢な態度で、飛行を見てやるだけでもありがたく思えというふうにとれた。もちろん、補助金の話は成立しなかった。

このようなことから考えると、リリエンタールは資金も思うにまかせず、さりとて商品として開発する決心もたたず、動力飛行（ただし、羽ばたき）あるいは操縦飛行に関するアイデアだけは雲のように湧きながら果てた気がする。いいかえると、リリエンタールが狙ったのはあくまでも技術開発であり、商品開発ではなかった。

飛行機が飛ぶか飛ばないかわからないうちに商品開発とはおこがましいとの声もあ

ろうが、それならばなぜ飛行機を開発するのか。

ケーリーの昔に立ち返って考えてみると、彼は生活に余裕のある貴族として、単なる生活以上の精神活動が航空研究であった。彼はその考察、設計、実験などを時の雑誌に発表したが、だれの注目をもひかず、一八六六年、すなわち彼の死後九年たって創立されたイギリス航空学会の例会でも引用されることがなかった。彼が初期一八〇九～一〇年に空気力学および飛行安定に関してニコルスン雑誌に投稿した三編がイギリスとフランスで再出版されたのは、彼の死後二十年ばかりたった一八七六年と七七年であった。


このように遅い反応の原因は明瞭で、ケーリーが物理学会とか機械学会のような専門学会誌に論文として寄稿しなかったからである。その理由を、彼自身が一八〇九年の投稿にあたってつぎのように述べている。

「私が飛行術をあえて空中航行法（エアリアル・ナビゲーション）と新用語を使った理由は、世間で狂気に類すると考えられている題目に威厳をつけるためであった」

すなわち、おそらくどこの学会でもこのような論文の受理を拒んだらしいことがケーリーのすぐれた先見を圧殺した。さりとて、学会へはとんでもない正真の狂気論文もたまにはころがりこむから、ケーリーのような人がその学説を世に問いたかったら、しかるべき学者か教授のような肩書を利用する必要があった。要するに貴族の素人談義とみられていたのであろう。いずれにしても、航空はまだ正則な科学でなかったから物理学会では受け入れず、正統な機械の範囲でなかったから機械学会でも相手にしなかったのである。

下って、ヘンスンやストリングフェロウらはケーリーの弟子となるべき有利な環境にありながら、その学説を拡張あるいは具体化する熱意が不足していた。彼らは外見だけでなしに、真に航空の本質へ突入する気迫に欠けていた。

フランスのペノーはケーリーとライト兄弟の中点に位置する天才であったが、惜しいことに途中で倒れた。彼はウィルバー・ライトより十七年早く生まれていたから、そのエスプリに富んだ模型に見られる設計技倆をもってすれば、ライト兄弟より先に動力飛行機を実現することは不可能ではなかった。ペノーこそケーリーの真の後継者であった。

そのフランスのアデールはこのペノーにふさわしくない同好者であった。彼の迷いはフランス陸軍省から多額の補助金を受けたことに始まった。気が進まず、機が熟さないうちに不当な札束をもらえば、このような喜劇に終わることを身をもって証明した。アデールの功績は、フランス語にアビオン（飛行機の意味、ほかにアエロプラーヌの同意語がある）という新語を導入したにとどまった。

ラングレイはアデール同様、アメリカ国防省から補助金を支給されて自滅した。それはまさに自滅で、単にその有人飛行機の飛行に失敗しただけでなしに、彼自身の寿命を縮めた。ラングレイもアデールと同じく、人類初の動力飛行機の開発にあたって、個人が期間を限って完成を約束することの意味を十分に理解していなかった。

ライト兄弟の前に立ち塞がったライバルたちはすべて欠陥者か、不運に呪われた人間であった。もっとも可能性のあったリリエンタールはたとえ事故がなかったとしても、羽ばたき飛行にとりつかれていたのではその先が長かった。

このように考えると、条件の備わったライト兄弟は当然の成功者であった。彼らこそ有人飛行機開発の必然性を実感し、同時にその技術能力を身につけ、最後に重要なことだが、機は熟していた。

この最後の項目は説明が必要であろう。

いままで述べてきたように、ダ・ビンチが激情として訴えた飛行の意欲を、ケーリーが冷静に受けとめて、それは羽ばたき飛行機でなしに固定翼の凧式飛行機によってはじめて人間に可能であることを確認した。これは力学的証明よりも鋭い直観によるもので、そのゆえに学者および世に認められることが遅かった。

フェルディナン・フェルベ

ペノーは主翼に尾翼をつけ、かつ上反角をつけることによって縦および横の安定が得られることを模型によって実証した。ここでプロペラはすでに推進装置として使われている。

ラングレイはライト兄弟に資料を提供した。その資料および雑誌などによってリリエンタールのグライダー飛行過程は、兄弟に技術的ならびに精神的に影響を与えた。ただし、リリエンタールの研究は、兄弟にやってはならないことを教えた点が多いようである。

シャニュートは、ストリングフェロウ模型によるそのグライダー主翼組方式を兄弟へリレーした。彼はウィルバーより三十五歳も年長であったから、温い相談相手としての役割を果たした。しかし、後にシャニュートが兄弟を自分の弟子であるといいきったことは不当で、いかなる意味でも兄弟がシャニュートを師と認める理由はなかった。兄弟が自分たちの飛行機をシャニュートのグライダーと同じ主翼組にした理由は、ストリングフェロウまでさかのぼるべきで、かつ兄弟は後述するように、横操縦の方式を実現するために複葉を必要とした。

ここで一つの問題になるのは、動力飛行機実現の選手としてライト兄弟以外の人物がいなかったのかである。

もし存在するとすれば、当時最大の文化国家フランスに可能性があった。ところが奇妙にも、ペノー以来フランスには、自分で飛んで飛行機を開発するつもりの人間が出現しなかった。いや、フェルディナン・フェルベ（一八六二～一九〇九）という砲兵大尉がそれであったけれども、リリエンタールに刺激されてグライダーに着手したのはちょうどライト兄弟と同じ一八九九年で、ライト兄弟が資金と工場を用意して着手したのに対し、フェルベの企画は個人プレイであったために、ついに立ち遅れてしまった。

このようにライト兄弟は整った条件と時期に出現したが、ただそれだけでなく、実に重要な技術革新を決意していた。

10 安定よりも操縦を——忘れられていた一つの秘密

ウィルバー・ライトがリリエンタールの死後三年の一八九九年に飛行機開発の決意を固めた技術的基盤として、前に述べたコンドルの飛行からヒントを得た横の安定法がある。これは単なるヒントに終わらず、ライト兄弟の大きな背景となった。コンドルの安定法は、右羽根の端部の前縁を上げて後縁を下げる、すなわち、右ねじりとしたら、左羽根の端部の前縁を下げて後縁を上げる左ねじりとする。その結果、右羽根が風に対して大きい迎角《むかえかく》をもって揚力が増し、左羽根が風に対して小さい迎角をもって揚力が減り、コンドルは左へ傾く。

こんなふうに書くとややこしいが、われわれが風に向かって歩くとき、風圧を少なくしたければ顔を下げ、風圧を大きく受けたければ顔を上げる本能的行動と結びつけて考えれば、すぐ理解できる。いまの場合、コンドルは右羽根に風当たりを大きくし、左羽根に風当たりを小さくしたから、左へ傾くはずである。右へ傾けたければ、両羽根ともねじれを反対にすればよい。

ウィルバーの発見はまた別に、つぎのようにもいわれている。すなわち、商売物の自転車タイヤチューブを入れる細長い箱を、あるときねじってみて思いついた。飛行機の複葉翼組をこれと同じようにねじればよいではないかと。

このときウィルバーがすでに複葉を使う決心になっていたか、それとも複葉にすればねじりやすくなると考えたかは不明であるが、とにかくコンドルのような単葉を使ったら、別に支柱でも立てないかぎり、ねじる力をかけにくくなることはたしかであった。それを複葉とすれば、翼間支柱がねじる力をかける支柱となるから一挙両得である。しかも、複葉はシャニュートがストリングフェロウ模型にヒントを得て実用している。きわめて自然発生的に複葉と翼組のねじり方法が結びついたことは想像にかたくない。

ライト兄弟のグライダーも飛行機も、操縦桿を動かせば、連結したケーブルで主翼の一端についた翼間支柱の後方支柱下端を引き上げ、同時に主翼の他端についた翼間支柱の後方支柱上端を引き下ろす方式である。これによって複葉翼組はタイヤチューブの箱のようにねじれる。いまから考えると乱暴な方法と思われるが、当時の飛行機は十分変形しやすかったから実行可能であった。

これは横ゆれ安定、すなわち、主翼の片方を上げ、他方を下げて釣り合いを回復するものであった。これはウィルバーが観察したとおり、コンドルやほかの鳥が実行していたものであったのに、他の先駆者たちがほとんど着目していなかった（痕跡はある）安定手段であった。したがってウィルバーが独特のものと信じ、アメリカの特許をとり、他の飛行機開発者に対して自分たちの優先権を警告した方法であった。

縦の安定、すなわち、機首上げ、または機首下げによって釣り合いを保つためには、すでにケーリー以来知られていた昇降舵を使ったが、それを可動尾翼として後方に装置せずに、前翼として前方へ装置したことは興味深い。しばしば述べるとおり、主翼と尾翼は逆ヤジロベエである。これを主翼と前翼にしても、ヤジロベエの右手が左手より大きくて短いか、左手が右手より大きくて短いかの比較のように、どちらでもさしつかえない。

同じことなのに、ライト兄弟が前翼を採用した理由は、リリエンタールの事故で尾翼が釣り合い回復のために重要な役割をするにもかかわらず、振りかえってみて（実際にはそんな余裕はない）はじめて確認できる不安を避ける狙いのようである。

初期のこのたぐいの前翼式飛行機に乗って訓練を受けたパイロットたちの感想によると、他になにも姿勢を判定する基準がないとき、前翼と地平線の相対的位置がただ一つの頼りであった。したがって、ライト兄弟は心理的にもよい結果となる形態をまず選んだことになる。もちろん、訓練あるいは計器によって姿勢が判定できるようになれば、構造的にややこしい前翼の必要はなくなる。

ここまでの経過で、ライト兄弟の一八九九年の自信ありげなスタートのなかに、従来の先駆者たちがもっていなかった目標が含まれていることを感知できる。それは操縦である。ケーリー以来の開発はすべて安定した飛行機を目ざしていた。それは尾翼と、主翼の上反角に具体化されている。だれも積極的に操舵によって安定を保つ開発方針をとるものがなかった理由は、模型を飛ばして研究したためと説明されている。リリエンタールだけが操縦者の下半身を振って縦横の安定を保とうとしたが、ライト兄弟はこの方法がスポーツならともかく（現在のハンググライダー）、とても実用飛行機に具体化することは困難なことを看破した。

なぜ舵を使わないのだ。この発想法の転換と、主翼ねじりによる横ゆれ操縦法の独自性の自信が、はっきりした開発目標設定によって、わずか四年半でダ・ビンチ以来の人類の夢を達成した。

もちろんこのあとがすべて順調に進んだわけではなく、最大の難関は方向舵の使用法であった。そもそもライト兄弟は鳥の飛行観察によって、主翼ねじりだけで横ゆれ操縦が可能と信じていたらしい。それは彼らの第一号グライダー（一九〇〇年）およ

第１号グライダー（左，1900年）と第２号グライダー（右，1901年）

び第二号グライダー（一九〇一年）は可動前翼（昇降舵）と主翼ねじりだけで方向舵はない。

ライト兄弟が決意と同時に強い恒風の吹くノースカロライナ州の海岸の村キティホーク、後にその南四マイル（六・四キロメートル）のキル・デビルの砂丘を選んで実験場としたことも成功への突進であった。この土地は彼らの住居があったデイトン市から直線距離で一〇〇〇キロメートルを越え、東京から九州ほどの位置にある。それはリリエンタールが住居から汽車で二時間半、さらに馬車で三時間かかったリノウの丘よりはるかに遠い場所であった。

身ぶるいするほど魅惑的な新商品開発、しかも自分たちだけの力で得られる成果とその代償としての厚いドル紙幣束を夢見てはじめて実行できる壮烈な努力であった。

そこで彼らは、身体で体得したグライダー飛行の経験によって、つぎの二個の重大な教訓を発見した。

(1)　主翼に上反角をつけると突風中でかえって動揺する。これは横ゆれ安定を保つための自然発生的な結果であった（一九〇〇年の発見）。

(2)　主翼ねじり操縦だけでは、上がった主翼端が後ろへ流され、旋回できずに横滑りして墜落する（一九〇一年の発見）。これは、上がった主翼端は前縁上げ、後縁下げとなり、揚力は増すが、下がった主翼端の前縁下げ、後縁上げよりも抗力も大きくなって旋回を妨害するからである。旋回のときは、上がった主翼端が、下がった主翼端より前へ進まなければならないのに、反対に動いたのでは具合が悪い。

すなわち主翼ねじりは横ゆれ安定保持には有効であったが、旋回のときは不都合であった。

この対策として、(1)に対しては主翼を水平または下反角（ヤジロベエ配置）つきとした。また(2)に対しては主翼の後方へ（前方へつけると無意味なことは風見の矢羽根が常に後方にあることからわかる）可動垂直尾翼（方向舵）をつけた。この方向舵は旋回のときに上がった主翼端の後ろへ流されようとする力と対抗する力を発生した。すなわち、右翼端が上がって旋回するとき、方向舵は左へ振って、右翼端を後ろへ流そうとする力に対抗し、無事に旋回を実行させた。

ここで小さい注意として、飛行機が旋回するとき方向舵だけを一側に振ったら、飛行機はたちまち他の側に横滑りすることを知っておく必要がある。これは高速走行している自動車が平らな路面でハンドルを切ると、車輪がけたたましい音を立ててハンドルを切った方向と反対に滑るのと同じ理由である。横滑りなしに旋回しようと思えば、自動車ならば傾斜路面を、飛行機ならば主翼を傾ける（パンクする）必要がある。

さて、ライト兄弟は文字どおり歴史的旋回をした。すなわち、横ゆれ固有安定を意識的に放棄したのである。その結果、一九〇二年の第三号グライダーは、主翼が下反角をもっていた。

ここできわめて暗示的な事実が浮かび上がる。それは安定は一種の善であるけれども、過度の安定には問題がある。いまのライト兄弟第二号グライダーで、主翼上反角を与えたとき、突風中で動揺した事実は当然で、安定を保持しようとする自然的傾向の発想にほかならない。それはヤジロベエが指の動きにつれて動揺することとまったく等しい。

不安定は悪であるが、有人飛行機である以上は操舵が可能であるから、タイミングよく行なえば破滅にはいたらない。さらに、不安定な飛行機は釣り合いが乱されたと

ライト兄弟の第３号グライダー（初期型，1902年）

き、その乱れが増大する傾向があるから、操舵によって機体の姿勢が変化する勢いは、安定な飛行機より急である。すなわち、舵の利きは強烈である。

ライト兄弟はこの鋭い利きを選んで、第三号グライダーによって一九〇二年九月二十日から十月末までに約千回のグライダー飛行を行なった。これはリリエンタールが一八九一年から一八九六年まで五年間に行なったグライダー飛行の四〇パーセントに相当する。

リリエンタールは風速毎秒一一メートル程度までしか飛ばなかったが、ライト兄弟は風速毎秒一六メートルまで飛行を行なって操縦できる自信を得た。風圧は風速の二乗に比例するから、この風速比約一・五倍は風圧とすれば二倍以上に相当する。

ただし、リリエンタールは高い天然丘から離陸したので、飛行距離は最大三五〇メートルに達したが、ライト兄弟は低い砂丘から離陸したので、飛行距離は最大六二二・五フィート（約一九〇メートル）であった。この四桁の数字に兄弟がいかに真剣に記録をとっていたかの証拠を見るような気がする。

ここまで到着すれば、あとは動力飛行まで一歩であった。彼らの計画はいま実を結びつつあった。はじめから新世紀の乗り物として考えていたから、リリエンタール、あるいはシャニュートのハング式搭乗法をとらず、操縦者は複葉グライダーの下翼の上へ腹ばいになった。これは空気抵抗を減らすためであることはもちろんであったが、そのほかに荒い着陸をしても操縦者が負傷しない考慮からであった。

この操縦者の体位からだけでも、兄弟がグライダー飛行を単なる研究あるいは訓練と考えていなかったことがわかるようである。すなわち、それをあくまでもプロフェショナルな行為であり、真剣、かつ、危険の伴う行動と見なしていた。この意味で、遠い海岸を選んだことは、風が強くて砂地であるために危険が少なく、旅行日数を考えに入れても得策であった。それまでの先駆者で、これほどの決心までして実験に打ちこんだ人間はいなかった。

なによりも、安定にどっぷりと安住せずに、釣り合いが乱れたら操縦によってとりもどせばよいではないかとの思想が、ライト兄弟の基本理念であった。グライダー

（飛行機）に人間が乗っているのはなんのためかといえば、操縦するためである。模型飛行機は無人だから安定でないと墜落するが、有人飛行機は操縦によって安定を、いわば人工的に創造するとの決意であった。

なぜ、それまでの先駆者たちは（リリエンタールを除き）この決意をいだかなかったのだろうか。それは自分で鳥になるつもりがなかった、つまり傍観者であったためである。模型を飛ばしてみることはよいが、自分で飛行機は作ったけれども他人を乗せてみる、せいぜいが突然鳥になる幻想に駆られて自製機に乗って飛び出す。これらはすべて持続した飛行、操縦された飛行でなくて一瞬のジャンプに終わるだけで、絶対に鳥にはなれない。

ライト兄弟は第三号グライダーで、すべての飛行の秘密を解明した。そして、機体そのものは固有の安定が足りないけれども、操縦によっていつでも鋭い舵を利かせて釣り合いを回復して安定な機体とすることができたのである。これは縦ゆれの安定でも、横の安定（横ゆれ、すなわち、主翼が左右に傾く運動と、片ゆれ、すなわち、機首が左右に振れる運動の安定）でも実行可能であった。飛行機は三次元の運動をするが、その運動は重心の前後、左右、上下運動を除けば、これら縦ゆれ、横ゆれ、片ゆれ以外にない。

ここで兄弟は絶対の自信をいだいて第三号グライダーを再設計し、動力飛行機フライヤー一号の製作にとりかかった。もちろん、重いエンジンとプロペラをつけるために、主翼の翼幅（左右両翼端間の長さ。翼長とはいわない）は第三号グライダーの九・八メートルから一二・二メートル、主翼面積は第三号グライダーの約二八平方メートルから四七平方メートルに増した。

エンジンは、あたってみた自動車用エンジンメーカーがいずれも、そんな軽いものはできないと断わったので、自分の工場で職長チャールズ・テイラーの協力によって自製した。それは重量八一キログラムで一二馬力を発生した。プロペラも難点であったが、兄弟は自力で開発した。

これらのことからもはや自明のように、兄弟、とくにウィルバーは機械設計にかけて天才的な腕をもっていた。一方、弟オービルはスポーツマンとしてのセンスを備えていたから、技術チームとしての構成は完璧であった。

フライヤー一号の初飛行は一九〇三年（明治三十六年）十二月十四日に行なわれるはずであったが、搭乗したオービルが離陸にあたって上げ舵を引きすぎて失速し、機体を破損

1903年12月17日，オービルが操縦するフライヤー１号は人類最初の動力つき飛行を実現した。人類が空を手にした瞬間である

してしまった。このとき約一八メートルの木製レール上を、機体は台車に乗って風に向かって離陸滑走した。これは砂浜のため車輪が使えなかったからである。なお、この日の試みがたとえ成功しても、真の飛行と認められなかったといわれるのは、離陸が斜面に沿って下がったからである。

修理をおえたフライヤー一号は、三日後の一九〇三年十二月十七日木曜日午前一〇時三五分、こんどは水平に敷いたレール上をオービルが操縦して滑走を開始した。機体は毎秒九～一三メートルの強風に向かって、レールを三分の二ばかり滑走して浮揚した。離陸したフライヤー一号は著しい波状飛行を行なったが、これは昇降舵の利きが鋭すぎたためであった。しかし、一二秒で約三七メートルの距離を飛んだこの飛行によって、人類の夢は達成された。

続いてウィルバーの操縦による第二回飛行は距離約五三メートル、オービルの第三回飛行は距離約六一メートル、第四回飛行は再びウィルバーが行ない距離約二六〇メートル、時間五九秒であった。このころになると、兄弟は昇降舵の利きを押さえることができて、向かい風を計算して八〇〇メートル以上の距離を飛んだことになる。兄弟がグライダー飛行で訓練を積んだ成果はここに結実して、完全な操縦による動力飛行が実現できたのである。

この初飛行のとき、兄弟は目撃証人として近くの住人五人と男児一人を呼んで立ち会ってもらった。第一回のオービルの飛行のとき、ウィルバーはフライヤー一号の右翼端を持って走ったので、三脚にとりつけて離陸点近くに据えた彼のカメラは立会人の一人の沿岸警備隊員ジョン・T・ダニエルズによってシャッターを押された。その撮影は歴史的写真となって残った。

11　ライト兄弟の冬眠――欠けていた一枚の役者

　ライト兄弟は彼らの飛行機をアメリカ政府が軍の偵察用などに買ってくれることを期待していた。もちろんフライヤー一号ではまだそこまでの実用性がなかったので、彼らは翌一九〇四年にフライヤー二号を製作して、五月二十三日（二十六日ともいわれる）にテストを開始した。

　ここで注意すべき事実は、あれほど騒がれていた飛行が成功したのに、だれも兄弟の行為をニュースとして扱わなかったことである。いまにして思えば画期的な業績であって、ヨーロッパでアルベルト・サントス・デュモンが二一・二秒、距離二二〇メートルを飛んだのは三年後の一九〇六年十一月十二日、パリのバガテルにおいてであった。さらにアンリ・ファルマンが一分一四秒、距離一〇三〇メートルを飛んだのは四年後の一九〇七年十一月九日、場所はパリ郊外のイシイ・レ・ムリノー、機体はボワザン・ファルマン一型であった。

　一九〇四年十一月九日、ウィルバーはフライヤー二号で時間五分四秒、距離四・四

Le Petit Journal

SUPPLÉMENT ILLUSTRÉ

UNE SENSATIONNELLE EXPÉRIENCE D'AVIATION AU BOIS DE BOULOGNE

アルベルト・サントス・デュモン（上）。左は1906年11月，サントス・デュモンのパリ飛行を伝える新聞

キロメートルを飛んでいる。しかも、このときは離陸地のまわりを旋回しながら四周した。場所は、もはやキティホークまで出かける必要がなくなったので、彼らの住居デイトン市の郊外であった。

ここでもやはり砂浜で行なったと同じように木製レール上から発進したのは、あまり新しいことを導入したくなかったからであろう。着陸は機体に装置したソリで行なった。

ただし、この年九月七日から台上に重錘を置き、それを落下させるとロープで機体を乗せた台車を引く一種のカタパルト発射法を採用した。もはやだれが考えても車輪を使うべきであったのに、頑強に最初の手法にこだわる点は注目に値する。やはり彼らは名人であった。

フライヤー二号はフライヤー一号より主翼の断面曲率を減らし、エンジンを一五〜一六馬力に強化したものであった。一九〇五年のフライヤー三号は主翼の断面曲率をフライヤー一号のものにもどし、主翼面積はわずかに減じた。

フライヤー２号機（上，1904年）とフライヤー３号機（下，1905年）

重要なことは主翼の下半角を廃止して水平にした点である。これはやはり不安定にしておくと、絶えず操舵する必要があって疲れるためであった。また操舵の利きを増すために可動前翼（昇降舵）と後方の可動垂直尾翼をともに面積を増し、かつ、主翼の前後に離した。エンジンはフライヤー二号のものを使った。

このフライヤー三号こそ、

世界最初の実用飛行機といわれる。これで一九〇五年十月五日、ウィルバーは時間三八分三秒、距離三九キロメートル（平均速度六一キロメートル／時）を飛んだが、燃料が切れなかったらもっと飛ぶことができたはずであった。ヨーロッパでこの記録に相当する飛行は、三年後の一九〇八年十月二日、アンリ・ファルマンが時間四四分三一秒、距離四〇キロメートルを飛んだときである。場所はフランスのブイであった。

なお、この一九〇五年のフライヤー三号まで、操縦者は腹ばいになって搭乗した。複葉下翼上にすわったのは、一九〇八年にフライヤー三号を改造して二人乗りにしたとき以後である。


一九〇三年の初飛行がニュースにならなかった理由は、兄弟が変わった自転車屋にすぎなかったからであろう。兄弟は成功の知らせを電報にしてデイトンの父へ打電し、新聞にも流すように指示したが、反応はなかった。新聞社にしてみれば、だれも取材に出さず、さりとて他の通信社の記者が立ち会ったわけでもない売りこみ記事を取り上げるつもりはなかったらしい。後にも続くが、兄弟の対人関係における読みの不足は著しく、この意味でも名人の資格があった。

ただ、一九〇四年から一九〇五年にかけては大都市の近郊で飛行が行なわれたから、こんどは新聞記者の注意をひかないわけにはいかなかった。それでも兄弟にしてみれば、一九〇三年に出願した主翼ねじりおよび方向舵の同時操舵に関する特許申請（一九〇六年に公告）がまだ許可されない現在、だれにもなるべく機体を見せたくなかった。新聞記者たちが取材にきたとき、二度ともなにか都合が悪くて飛行できなかった。新聞記者たちの三度めの来訪はなかった。

兄弟は、新聞記者にわずらわされずさっぱりしたというふうに行動した。それなのに、土地選出の国会議員に頼んで、政府へ三回働きかけた。そして三回とも拒絶された。存在もしない飛行機に興味をもつひまはないという理由で。兄弟が悲憤失望したことはいうまでもない。

ただし、これには理由があった。兄弟が政府と交渉したとき、担当者は兄弟がすでに完成した（そのとおりであった）飛行機を提出するつもりであったことを理解できなかった。したがって、兄弟は、その性能が彼らのいうとおりであったら買い上げる契約にしてほしいといったのに、なにか隠している契約物件を売りつけるととったようである。事実において兄弟は、契約以前に実物も図面も見せるわけにはいかないと断言した。これではまるで政府が振りまわされている形であったことを、悲しくも兄弟は理解していなかったようである。

ラングレイの怪しげな設計には五万ドルも補助金を出しておきながら、すでに世界を数年リードしている機体を目の前にして、兄弟が希望した契約金（後の一九〇九年に契約が成立したときの価格は二万五〇〇〇ドルであった）を払うつもりがなかった理由は二つある。

その一はラングレイが教授であったのに、ライト兄弟は単なる自転車工場主であったこと。アメリカでもこのような官僚主義が存在したことは注目に値する。その二は、兄弟の飛行に関する情報収集の不十分さである。こうした怠慢は、一日中すわっていて業務を行なう癖のついた官僚主義の欠点である。

政府との交渉が失敗した原因には、ライト兄弟の性格にも責任がある。彼らは技術的にはダ・ビンチ以来の宿題を解決したことは疑いなかった。ケーリーの先見を具体化した人間はまさに彼らであった。このようなドラマチックな技術開発は、絶対に歴史になかった。わずか四年半で自転車工場主が、以後永久に続く三次元の乗り物を実現した。それは一七八三年にモンゴルフィエ兄弟が熱気球を開発したイベントとは比較にならない偉大な業績であった。

熱気球はいわば煙の捕獲で、すぐれたアイデアではあったけれども、飛行機はもっと革命的であった。鳥にヒントを得たけれども、鳥以上の技術で、鳥よりも重い人間、あるいは人間が作った機械が大気中を飛ぶためにはこれ以上にない手段であった。それは一瞬の停止をも許さないスピードを根拠として飛行するがゆえに、ダイナミズムの極致であった。

このことを政府あるいは世間に理解させるためには、別種のタレントが必要であることを兄弟、とくにウィルバーは無視したようである。そのことは非技術的な問題であるから、技術的な人間は不適当である。ウィルバーは真の技術者であったがゆえに、このような作業には完全に不適格であった。悲劇はその事実を本人がぜんぜん感知していないことにある。さらに、彼らの技術開発は、単なる商品開発どころではなく、はるかに次元の高い世紀の発明であったことを彼ら自身が十分理解していなかったことにすべての誤解の根源があった。

兄弟はアメリカ政府に失望して、ヨーロッパで市場を開拓することを決意した。そのために、一九〇五年末から一九〇八年五月まで一切の飛行を中止した。その二年半の休眠の間にも、ヨーロッパの航空技術はついに兄弟の初期水準にも到達できなかったことは前にも述べた。

ヨーロッパでは、イギリス政府はきわめて反応が鈍かったが、さすがにフランスは生きがよかった。フランスの知性は一九〇五年末および一九〇六年初めに、ライト兄弟が飛行に成功し、実用飛行機を製作したことを知った。一九〇六年一月号のフランス航空雑誌『ラエロフィル』（航空ファンの意味であろう）はこの事情を紹介してセンセーションを発生させ、ヨーロッパのライバル意識を駆り立てた。

ライト兄弟が二年半の休眠を破って一九〇八年五月から再び練習を始めたのは、フランスの商社から公開飛行とそのあとのライセンス生産の契約申し出があったためである。やはりフランス人は意識が高くて進歩的であった。

同時に、この前年一九〇七年にアメリカ大統領セオドア・ルーズベルトが『サイエンティフィック・アメリカン』に載ったライト兄弟の記事を読んで、陸軍に調査を命じた。それまでは知らぬ顔をしていたのに、

フランス人フェルベのライト兄弟機模倣グライダー（1902年）

上から声がかかると、ようやく陸軍通信兵団の担当者は兄弟の機体の入札手続きにとりかかった。

これでようやく兄弟の努力は認められかかったが、なんとしても二年半の空白は無意味であった。特許は出願日付にさかのぼって有効であるから、それ以後に図面ある

いは機体を人に見せてもなんの障害にはならなかったはずである。それをやや偏執的と思われるほど秘密を防衛する態度に出たことは、彼らの業務機密、しかも自分たちだけの資金で開発した商品をきわめて貴重なものに思っていたためであった。

こんなとき、信頼すべきマネジャーがいたら、もっと円滑に事は運んだであろう。その人はむしろ世俗的な性格でさしつかえなく、ウィルバーの欠点を補う明敏な人間的洞察をもっていることが望ましかった。ウィルバーは技術的な助言をラングレイに求めたが、ラングレイはすでに失意の人となっていた。また、シャニュートは多方面の助言を与えたようであるが、後年はウィルバーと離反していた。

ウィルバーの非運、それはやがて早死にまでいたるが、原因は彼ら兄弟との人間的釣り合いをとるべき、いわばヤジロベエの片腕を欠いていたことにある。飛行機の釣り合いと安定、さらに操縦に関しては天才的直観をもっていたのに、人世の釣り合いと安定の必要に思いがいたらず、最後まで自分たちだけですべて世俗的な事件まで処理しようとして自滅した。

12 ウィルバーの失速――四十五歳の終焉

イギリスの珍書の広告に、本日発売、即時絶版というものがあった。ウィルバーが一九〇八年八月八日土曜日、フランスのル・マン市郊外で行なった公開飛行は、まさにその感じであった。

これは前に述べたフランス商社との契約にもとづいた飛行で、ユノディエール競馬場を埋めた観衆は、ウィルバーのわずか一分四五秒の飛行に圧倒された。その年七月六日にアンリ・ファルマンは、パリ郊外イシイ・レ・ムリノーでボワザン・ファルマン一型により、時間二〇分二〇秒、距離二〇キロメートルの飛行を行なっていた。しかし、それは主翼ねじり、あるいはそれと同じ機能の補助翼を持っていなかったから、怪しげな飛行ぶりで、旋回するときは外側へ横滑りした。これはちょうど高速走行の自動車が旋回のときにけたたましい音をたてて滑りながら走ることに等しい。

それに対して、ル・マンにおけるウィルバーの飛行は、離陸後に高度一〇メートルで観衆の頭上をかすめて、釣り合い旋回、すなわち、主翼をバンク（横傾斜）させな

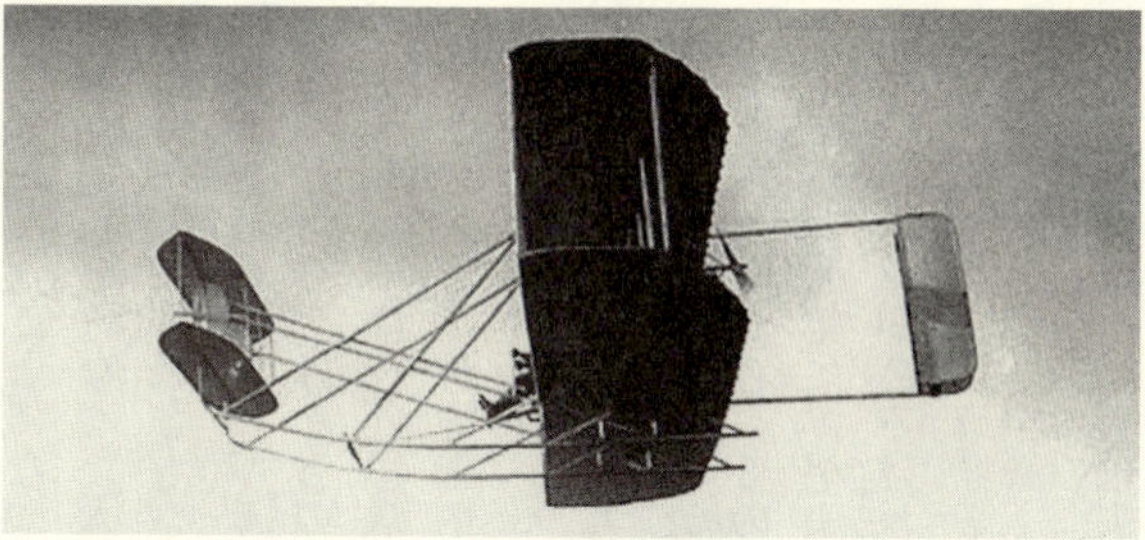

ル・マンにおけるライト兄弟の飛行（1908年）

がら、内側へも外側へも横滑りのない旋回を二回行なった。さらにスタンドの上空では、水平面内で左右旋回を交互につなぐ8の字飛行まで実演して見せた。

専門家でなくても、これは完全な操縦飛行であることを見てとった。もちろんフランスの飛行家たちは、ウィルバーの言葉、「おれは飛ぶのだ。イヌに追われたニワトリのようにジャンプするのではない」を痛いほど嚙みしめた。そのとおりであったとの反省が苦く胸の中に満ちた。

ライト兄弟がもっとも努力した主翼ねじりと方向舵操舵による釣り合い旋回は、ル・マンではじめて公開された。いわばウルトラCであった。これなくしては真の三次元運動ではなかった。当時のフランスの飛行機、といっても、いくつかのジャンプ的飛行機を除けばボワザン機だけであったが、これは方向舵だけで恐る恐る旋回したにすぎない。

なぜこんなことになったかといえば、ライト兄弟ほど初心に返ってグライダー飛行の積み重ねを行なった人はいなかったためである。前に述べたように、フェルベがそれに近かったけれども、しょせんは個人プレイにすぎなかった。ボワザン機はガブリエルとシャルルのボワザン兄弟が、わずかのグライダー飛行経験の後に製作した機体であったから、ほんものではなかった。

ライト兄弟は一九〇八年後半と一九〇九年前半に、輝く活躍をした。ヨーロッパでライセンス生産が実施され、アメリカ陸軍通信兵団へ機体を納入した。兄弟は、自分たちの技術がヨーロッパのそれよりも、ほぼ十年進歩していることを知った。なぜかというと、兄弟が一八九九年に考案した主翼ねじり方式を一九〇八年の現在までヨーロッパ人は知らなかったからである。実際にル・マンの公開飛行でフランスのパイロットたちの間から、この十年間、おれたちはなにをしていたんだとの声が湧き上がった。一八九七年にアデールが失敗してから、フランス人はなにもしていなかったといえばやや悪意があるけれども、結果は同じことであった。

シャニュートがライト兄弟の努力を自らフランスに赴いていろいろな機会に講演などを通じて伝播したが、だれも半信半疑であった。フェルベは兄弟のグライダーを模倣してみたが、結果は失敗であった。その模倣したグライダーはまだ方向舵をつけていないものであったし、主翼ねじりの理由もはっきりわかっていなかったから当然のことであった。この意味で、シャニュート自身は理解していたと思われるが、フランス人の受けとりかたが問題であった。そもそもライト兄弟の、操縦によって安定を維持する基本思想が正確に伝わっていなかった。

いまでこそ当然のことのようにライト兄弟の考察を理由づけることができるけれども、まだ航空そのものが科学でなくて芸術、もっと悪い場合には狂気の技術であった当時において、兄弟の考察を正しく解釈し、まして正しく伝えることは至難のわざであったにちがいない。

このライト兄弟の主翼ねじりと方向舵の併用法は、まさにウィルバーが恐れていたとおり、もはや白日のもとに露呈された。しかも、知性の高いフランスで公開されたことは致命的であった。まずアンリ・ファルマンがル・マンの公開飛行の三ヵ月ほど後の一九〇八年十月三十日、ブイからランスまでの二七キロメートルを二〇分で飛んだボワザン・ファルマン一型に、複葉上下翼端後縁に補助翼を装備した。

ライト兄弟の主翼ねじり方式は主翼全体をねじるのであるから、構造的にあまり感心したものではない。それに対して同じ結果を生じる補助翼は、主翼端後縁にヒンジ止めするから合理的である。ライト兄弟は最初に主翼ねじりを着想したとき、鳥に近

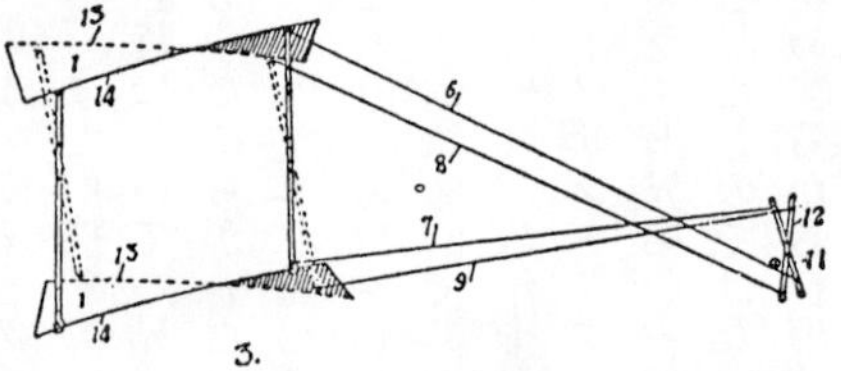

ライト兄弟の主翼ねじり方式側面図（1899年）

い手法であること、主翼が自然になだらかに変形することなどで、妙案と自己陶酔して最後まで固執した。

この主翼ねじり方式を単葉に応用した人はルイ・ブレリオ（一八七二～一九三六）である。明らかにウィルバーのル・マン公開飛行に影響されており、一九〇九年のブレリオXI型に採用した。

これは胴体操縦席下面に突出した操縦桿の先端を傾けて左右主翼後縁下面に連結したケーブルを引くものであった。左右主翼後縁上面を連絡するケーブルは、胴体上に立てた支柱上を通過して結合する。この上面ケーブルは受動的に作動するものだが、同時に左右主翼前縁上下面に張った固定ケーブルとともに主翼全体を緊張させる役割を果たす。このブレリオ方式は、ファルマンの補助翼方式とともに急速に他の飛行機にも採用された。

いずれにしてもライト兄弟の飛行機を真に三次元の乗り物とした秘密の主翼ねじりと方向舵併用方式がこのように拡散しては、もはや十年の技術優越を保持することは不可能であった。ライト兄弟は一九〇六年に公告した特許で防衛しようと試みたが、アメリカ国内はともかくとして、ヨーロッパでは空虚な努力であった。

ライト兄弟は彼らの特許を広義に解釈して申請し、飛行機の横ゆれ運動の発生または防止する手段として、また旋回時には方向舵と併用して釣り合い旋回を行なう方法として、主翼ねじりはもちろん補助翼までも自分たちの特許に触れるとした。もちろん、営利を目的としない自家用、あるいは研究用には寛大であった（特許法もそこまで権利を保護しない）。しかし、ウィルバーの言葉に従えば、自分たちの努力を盗用して一ドルでも利益を得ようとする者は絶対に容赦することができない、との思想はややゆきすぎであった。

ヨーロッパにおける主翼ねじりおよび補助翼の急激な「盗用」は、他に代わるべき手段がなかったことの証明であった。すなわち、特許法で自制する原理の登録であった。実際に、現在にいたるまで主翼ねじり（これはその後廃止）および補助翼に代わる手段は存在しない。わずかに主翼上面に立てるスポイラー（じゃま板）が代用になるが、揚力を減殺するから、補助翼が使用不可能な場合にだけ使われるにすぎない。

ライト兄弟が真にその特許を容赦なく主張したら、他の飛行機は成り立たなくなったはずである。あるいはウィルバーはそれを望んでいたかもしれない。同情的に考えれば、他の飛行機製造業者が兄弟の特許を使いたければ、使用料を払えと考えていたにちがいない。それこそ彼らが最初から夢見ていた理想状態であった。私が兄弟の飛行機開発の動機を新商品開拓にあったとする理由はここにある。

それは強烈な努力へのインパクトであったが、他に対する影響があまりにも激烈であったことを自省する必要があった。ところが、兄弟はついにそれを考えることがなかった。

ライト兄弟は彼ら自身が確信した以上の大発見を実現した。その後、進歩した航空学の知識からみて、彼らが発見したものは補助翼の逆片ゆれ（上げた補助翼が旋回方向と反対に押されること）である、などと賢《さかし》げにいうけれども、真実は彼らがキル・デビルの砂丘で寒風に吹かれながら体得した血のにじむ原理であった。

したがって、兄弟がその努力の集積から一ドルでも多く収益を上げたい心情は理解できるけれども、世界のすべての飛行機が自分たちの原理の前へひれ伏すと信じることの尊大さもまた反省する必要があった。ここにライト兄弟の偉大さとその見落としがあった。

ヨーロッパで兄弟が特許権を主張することは、もはや無益であった。それまでの眠りからウィルバーによって揺り起こされたフランスの航空界は、唸りを立てて躍動していた。

ライト式飛行機は一九〇八年夏において技術の先端にあった。そして第二位は存在しなかったに等しい。ところが一年経過した一九〇九年夏に、ライト式飛行機は一型式にすぎなくなっていた。しかもはなはだ冴えない型式であったことは、一九〇九年八月末に開催された史上最初のランス（フランス北部シャンパーニュ地方の中心都市）飛行大会で、ライト機は各種競技種目で上位に入賞することができなかったことが証明している。

十年の技術先行を自認していたライト式飛行機になにが発生したか。なにも発生しなかった。それは一九〇八年A型と呼ばれるフライヤー三型の改造二人乗りのままであった。その一方で、フランスの機体は大躍進した。もはやアントワネット、ブレリオ、ファルマン各機は、かつての怪しげな幼年期からわずか一年で、たくましい成年期へ成長した。ブレリオXI型にいたっては大会直前の一九〇九年七月二十五日に史上初の海洋飛行を、といっても直距離三八キロメートルの英仏海峡であったが、三六・五分で横断した。

フランスの航空技術にとってはウィルバーの飛行を目撃しただけで十分であった。ああ、これが秘密であったかと、たしかな目で見ればそれでことたりた。それはまさに開眼であったから、十年のギャップにたった一年で追いつき追い越せた。

それどころではない。ライト兄弟の国アメリカからグレン・H・カーチス（一八七八〜一九三〇）が自作カーチス機でランス飛行大会に出場し、速度競技で優勝したのである。

事態はウィルバーの思惑と大幅に相違していた。他のライバルたちはなにをしているかとの静観的な態度をとっていた先行者の余裕はもはや許されなかった。世界の航空界はいま大きい胎動を開始した。いや、それどころではなく、ライト式飛行機は進歩にとり残されかかっていた。

グレン・H・カーチス

ランス飛行大会に複葉十五機、単葉八機、合計二十三機が出場したなかに、ライト式飛行機は二機参加した（兄弟は欠席）。ライト機はいくらか活躍したが、上位入賞は不可能で、兄弟が問題にしなかったボワザン機と同様にその他の機体として扱われたことは、なんとしても悲しかった。それが一九〇八年に輝かしくデビューしたライト機かと思えば、一年の変化はあまりにも急激であった。

ウィルバーはあせった。兄弟が頼みにしていた特許権はヨーロッパで効果がなかった。とくにフランスでは国民のアイドルとなりつつあったパイロットたちをすべて被告とするような動きを許すはずがなかった。

ここでウィルバーは発想を変換すべきであった。ところが、ダ・ビンチ以来四百年の謎を解明したその技術的直観は、人間関係において完全に無力であった。

これは一見理解しがたいことである。しかし、技術において名人であり達人である人物が、その他の世俗的分野においてまるで凡人にも劣ることはしばしばみられる現象である。すこしうがった見方をすれば、そのように鋭くて集中的な頭脳ゆえに名人達人の境域に到達するのであろう。こんな偉い先生がどうして中学生にもわかる程度の人情をご理解なさらぬかとの驚きは、その先生たちのすぐ近くまで接近しないと経験できない。この聖域は凡人とははるかに隔絶した世界であって、大衆の想像を越えている。

ウィルバーは憤怒した。その憎悪の標的は、アメリカ国内で活躍を始めたカーチスに向けられた。カーチスはライト兄弟の主翼ねじり特許を避けるために、複葉上下主翼端の中間に小翼をつけて、これを左右反対に作動するようにした。

ライト兄弟とカーチスとの係争は長いこと法廷で扱われた。兄弟の理不尽さはだれの目にも明らかであった。彼らが偉大な人物であることはアメリカ人が残らず認めていた。その人間が浅ましい訴訟を企てていることもまた公の事実であった。それを理解できなかったのは兄弟だけであった。すぐれた頭脳は、凡俗がすでに理解している現実を理解できないから悲劇につながる可能性がある。

また、シャニュートが離反した。このもはや人生の終末に近づきつつあった老人は、ウィルバーに書信を送って、あまりにも苛烈な抗争の緩和を勧告し、手ひどく跳ねつけられた。ウィルバーは真っ赤な怒りをこめて、われわれは過去の努力の果実を摘みとることを許されないのかと返書に書いている。

自動車王ヘンリー・フォードは最初、自分と似た立志伝の人物ライト兄弟に傾倒したが、あまりにも醜い訴訟にあきれて、カーチスへ自分の弁護士をさし向けようと激励した。このような人の世のかかわりあいのなかで、ウィルバーの精神は比喩的に表現すれば失速したようにみえる。

精神の失速とは、迎角《むかえかく》が失速角を越えた飛行機の主翼（尾翼にもある）の場合のように、得るところのものが少なく、失うものだけが過大で、結果として思想の前進速度が急速に低下する状態である。

ウィルバーは弟オービルとともに、パイロットとして飛行機の失速を完全にマスターしていた。フライヤー三号で一九〇五年九月、急角度の旋回を行なうとき、傾いた機体の高度を保持するため思わず上げ舵を引きすぎて、主翼の迎角を失速角以上に入れてしまうことを発見した。これは機体の重量は変わらないのに、傾いた主翼の揚力鉛直成分は減るから、迎角を増さないと高度が保てないからである。つまり主翼を失速させないためには、高度を無理に保とうとせずに、機首を上げて迎角を小さい状態にすることが必要であった。

そのような技術の秘密はいともみごとに解明していながら、人の世の習いにかけてはついに失速したに等しい。ウィルバーがもっとも苦心した自分たちの権利防衛は、彼にとってもっとも不得意な分野であった。それは労多くして功少ない努力で、失速することは明瞭であったのに、経験不足のパイロットのように上げ舵を引きすぎた。

こんなときは、彼ら兄弟が飛行で実践したように、機首を下げて迎角を小さくする。たとえば、適当な信頼できるマネジャーに全権を委任すべきであった。それなのに胸を張って全面衝突、これはウィルバーの高揚した言動から推定できるが、そんなことを敢行したのでは結末は当然明らかであった。

これに関してもっともアメリカ世論を象徴している事件は、スミソニアン協会の行動であった。一九一四年六月二日、協会はラングレイの飛行機エアロドローム号にカーチスを搭乗させて飛行に成功した。そして、ライト兄弟の機体以前に、飛行可能な機体が存在したと声明を発表した。

これは明らかに不当な、むしろ醜悪な態度であったが、当時のライト兄弟に対する世論の反発に悪乗りしたものと考えられる。ウィルバーが最初に飛行を志して、資料を入手した恩人ともいうべき協会がこの暗殺的行為をあえて敢行したことは、見ているものに暗い印象を与える。

しかも、このときウィルバーはこの世にいなかった。したがって、それは死者に鞭打つ行動であった。ウィルバーはこの二年前、一九一二年五月三十日未明、四十五歳で没した。死因はチフスであったが、長期にわたる訴訟が彼に極度の心労を与えたことは否定できない。

残された弟オービルがスミソニアン協会に反撃したことは当然であった。彼は、カーチスが飛ばしたエアロドローム号には重心変更その他約三十ヵ所に重要な改修を加えてあったから、それは一九一四年の技術水準の機体であり、とうてい協会の声明は受け入れがたいと抗議した。これに対する協会の反応が鈍かったので、オービルはフライヤー一号を一九二八年にロンドンのサウスケンジントンにある科学博物館に貸与してしまった。

スミソニアン協会は一九四二年十月になってようやく、協会が一九一四年当時、まだライト兄弟と係争中のカーチスに協力したことは誤りであったと詫びた。その結果、フライヤー一号はアメリカへ帰ることになったが、第二次世界大戦中でもあり、一九四八年十二月十七日、初飛行からちょうど四十五年後にワシントンのスミソニアン協会展示場へもどった。しかし、この年の一月三十日、オービルは兄とともに丹精こめて製作した思い出の翼に再会することなく他界していた。

主翼ねじりの特許は後までもくすぶり続けたが、解決したのはアメリカが第一次世界大戦に参戦した一九一七年であった。もはや大勢は決しており、カーチスすらも軍の命令で普通の補助翼を装置した練習機を大量に生産していた。

技術的に見てライト式飛行機は、操縦によって安定へ挑戦した綱渡り的機体であった。ライト機はライト兄弟だけしか操縦できない、というような伝説すらも生まれた。事実、世界最初のパイロット死亡事故は一九〇九年九月七日、フランス人ユージーヌ・ルフェーブルが新ライト機をテスト中に発生した。

繰り返して強調すると、ライト機の神髄は縦ゆれ、横ゆれ、片ゆれの三次元的操縦を思うままに可能としたことにあった。それを一度看破すれば、あとはなにも安定を放棄してまで舵の利きを強調したライト機に追従する必要はなかった。

技術の女神は捕らえることもむずかしかったが、それから見捨てられることもまた早い、薄情な性格をもっていた。抽象的に述べなくても、チェーンで駆動するライト機のプロペラを見ただけでも、もはやパワーアップの限界にきていたことは明らかであった。以後の機体で、チェーンなどを使った型式は出現していない。さりとてライト機がエンジン直結、あるいは歯車による減速などの型式を開発するひまはなかった。他の手の早いアイデアマンたちがたちまち実用的な型式を開発したことで、一瞬のうちにライト機は先駆機から古典機へと消え去ったのである。

まことに一九〇八年登場、一九〇九年退場と一年の栄光にすぎなかった。兄ウィルバーの死後、とり残された弟オービルは長生きしたが、後半世においてなにもやっていない。糸が切れた凧、そんな連想が浮かぶ。

13　無風の中の安定――技術の挑戦

ライト兄弟が偉大なスタートを切ってから、現在まで七十年以上が経過した。その間に兄弟が開発した主翼ねじりは補助翼に進化し、ケーリー以来の昇降舵と方向舵とを使用していささかの変化もない。

飛行機はいくら進歩しても、三次元の空間を飛ぶだけであるから、舵は右の三舵が必要で、かつ十分である。したがって現在まで、二舵ですませる機体はきわめて特殊で、しかも不成功に終わった一九三〇年代に出たプー・デュ・シエール（空のシラミ）ぐらいのものであり、また、第四舵を採用した機体はない。

そもそも尾翼のない機体は、無尾翼機として開発されたけれども、実はかならず後退主翼を持ち、あるいは三角主翼つきの場合にかぎられる。このとき、後退主翼の後端が跳ね上がり、また三角主翼の後縁も同様で、普通主翼に対する尾翼の役割を果たしている。そして、後退主翼および三角主翼の後端は左右翼で同方向、あるいは反対方向に動作して、昇降舵（同方向）および補助翼（反対方向）として作用する。このような昇降舵兼補助翼のことをエレベータ（昇降舵）とエルロン（補助翼、フランス語で小翼の意味）を組み合わせてエレボンと称する。

そんな細かいことはともかくとして、ライト兄弟以来の安定と操縦から脱出したのはきわめて遅かった。それは第二次世界大戦後十二年たった一九五七年からイギリスのホーカー社（現在ホーカー・シドレーの一部門）で開発したP・一一二七型と称する垂直離着陸機（VTOL）であった。

これは滑走せずに離陸し、滑走せずに着陸する飛行機で、どこからでも離陸し、どこへでも着陸できる。イギリスはこれを軍用に使って、戦場へ自由に着陸して帰還できる戦場偵察用、あるいは地上部隊の直接支援用を考えた。粘り強い努力を続けた結果、ケストレルからハリアー（いずれも鳥の名）と名が変わって、イギリスのほかに現在はアメリカでも採用されている。

英国ホーカー・シドレーが開発したハリアー垂直離着陸機

このほかにも似たような開発はあるけれども、実用化されたハリアーがもっとも興味をひく。

この機体の大きい推進力は内蔵するジェットエンジンの排気口を四個使って、前方二個から冷空気、後方二個から熱排気を下方へ噴き、または後方へ噴いて、上昇および前進する。そのほかに機首と尾部、主翼両端につけた補助車輪カバーから、それぞれ圧縮空気（エンジン圧縮機から分流する）を噴いて姿勢を変える。

とくにこの姿勢制御法は、機体速度がゼロ、すなわち、前進していないときでも有効である必要がある。そのやりかたは、リリエンタールがそのグライダーに使った身体の下半身を振る方式に似ていないこともない。つまり、機首が上がったら下半身を前に振れば機首が下がる。ハリアーでは機首が上がったら尾部から下へ空気を噴く。どちらも機首を下げる効果は同じである。

ただ、リリエンタールは前進速度があったのに身体を振る方法を使ったが、ハリアーは普通の三舵（補助翼、昇降舵、方向舵）も持っているので、前進速度がつけば飛行機と同じ操縦をする。このことから考えても、リリエンタールのグライダーは舵を使うべきであった。彼のグライダーは左右両翼を分けて作り、中央で交差させてあったところからみると、どうも最初から羽ばたきを考えていたようである。羽ばたきを行なえば舵は使いにくくなるが、不可能ではないし、鳥は実行している。リリエンタールも最後には、頭にロープをつけて水平尾翼を操作する設計を行なっていた。これはダ・ビンチも考えていたことである。

ハリアーの安定および操縦法は、本来不安定なシステム（体系）をも安定化できる意味で、綱渡りの軽業師の手法そっくりである。軽業師は綱を渡るとき竿を持って、身体が右に傾いたら竿を右下に鋭く振る。これはリリエンタールが右へ傾いた機体を回復するため、下半身を左に振るのと同じ理由である。

もし軽業師が竿の代わりに長い脚を持っていてリリエンタールのグライダーに乗ったとしたら、両脚をひろげ、ちょうど竿を振るように右脚を右下へ振るにちがいない。リリエンタールがそれをやらないで下半身を左へ振ったのは、脚がそれほど長くないので竿の代用にならないためである。

逆に軽業師がリリエンタールのまねをするつもりならば、綱の上で身体が右に傾いたとき、手に持った竿を左へ移動すればよい。このときは、竿でなくても太く短くて重い棒でも有効である。

軽業師がなぜこんな変な棒を持たないかというと、竿のほうが瞬間的に効果を発揮するからである。竿の中央を持ったまま、鋭く右に振ると、その反動として右へ傾きかけた身体は左へ復元する。変な棒を左へ移動すると、身体の傾きが回復した後に再び棒を右へ持ってきて、その中点が身体と一致するように操作しなければならない。絶妙な精神集中を要する綱渡り中に、こんな事後処理まで扱わされてはかなわない。

　ここでさりげなく記述したなかに、力学の根本原理が含まれている。右に反動という表現を使ったが、物体に速度を与えれば（力学的に表現すると、加速すれば）、その速度と反対方向に力が作用することがこの反動である。反動力の大きさは、物体の質量に加速度（一秒間に速度がいくら変わったかで測る）を掛けた値に等しい。この反動原理はニュートンが発見した。

　反動原理を竿に応用すれば、竿の先の部分を右下に振って加速（いままで静止していたのが動き出したのだから、速度を得たことはまちがいない）するとき、竿、したがって軽業師の手には反動力が作用するにちがいない。ところが、竿の先と軽業師の手の間には距離があるから、結果は軽業師の手を支点として軽業師の身体が左側へまわされようとする。そのことは、右へ傾いた軽業師の身体が左へ復元することに等しいのである。

　もうすこし理屈をこねると、軽業師が右下へ振った竿をそのままスピードをつけては風車になるから、ちょっと振ってはまた止める。このとき、こんどは竿の先の部分を減速するから、反動力はいままでと反対向き、つまり軽業師の身体を右側にまわす動力が使える。うまくできているものである。

にちがいない。これでは復元した軽業師の身体が再び右へ傾かないかと心配するが、実は、いま復元した軽業師をその原位置に止めるためには、その前の左へ復元する反動力を消す必要があり、それにはちょうどいま竿を止めたとき発生した右へまわす反動力が使える。うまくできているものである。

さて、ハリアーは前進速度ゼロ、すなわち、無風のなかの安定を空気噴出操縦によって実現した。その飛行ぶりを眺めると、空気噴出は目に見えないから、まるで魔術師がなにもない空中で綱渡りをしているようである。空中で停止もできるし、機首を水平面内でぐるりと一回転してまたこちらを振り向いたりする。

モントリオールオリンピックの体操競技でルーマニアのコマネチが妖精のように平均台上で安定を保った原因は、その左右へひろげた両手であった。いたずら者がいて、彼女の両手を胸に組ませたら、こんどは上半身を左右にゆすぶって安定を確保したであろう。

ハリアーの魔術はジェットエンジンなどの爆音を立てるのですさまじいが、実はコマネチのしなやかな手つき身体つきと同じ原理を使っているにすぎない。天の下にはなにも新奇なものはなく、それを新しい発想で応用することが秘密なのである。

ハリアー開発の動機は、垂直に離着陸できるヘリコプターと同じ芸当を超音速のジエット機性能に結びつけることから始まった。ハリアーはまずジェットエンジンを始動して、地上からすっと高度五〇メートルぐらいに上昇し、ジェットエンジンの排気口を下向きから後ろ向きへ変更し（ここが決定的瞬間）、スピードをつけて飛び去っていく。ちょっとメガネザルに似た二個の前方空気吸入口の表情によって上昇中はおどけて見えるが、水平に速度を増していく姿は急ぐ孫悟空のようにまじめである。ただし、孫悟空も失敗することがあるように、きわどい操縦をするハリアーは墜落事故がいくつもあった。それは操縦技術の極致で、かなり自動化してあっても人間パイロットの技術による部分が多いためである。

ライト兄弟のフライヤー機は、本来不安定な綱渡り的飛行機であると前に述べた。それでも常に前進速度をもっていたから、舵はよく利いた。ハリアーはフライヤーの不安定からさらに危地を求めて、前進速度ゼロによる舵の利きゼロに進み、それをリリエンタールのグライダー的操縦による安定化で対応した機体である。

そのハリアーを前方から眺めると、下反角がついて正真ヤジロベエ形になっている。これはヤジロベエ安定を求める目的よりも、垂直尾翼が高すぎるため、方向舵を操作したときに旋回する外側へ機体が倒れる傾向を消すためである。他の高速ジェット機にもこの下半角はよく見られる形態で、目的はフライヤー一号が下反角をつけて舵の利きを鋭くした効用とはちがう。

アメリカ人はよく、技術を挑戦（チャレンジ）であるという。リリエンタールは鳥に挑戦し、ライト兄弟は安定に挑戦し、ハリアーは舵に挑戦した。このようにつぎつぎと、ちょうど軽業師の救命網をとりはらっていくように、条件を悪くしていってもひるまないことが技術の進歩である。

その挑戦は、どこまで続くのであろうか。大気圏内で飛ぶかぎり、滑走距離ゼロ、風速ゼロ、空中停止、超音速飛行可能、これらの最悪条件下で安定と操縦を保持できることが極限と考えられる。

14　ヤナギに風と受け流す――ＣＣＶの思想

操縦の挑戦としてはハリアーが極限であったが、機体形態の挑戦としてはＣＣＶがある。これは制御形態機体（Control Configured Vehicle）の略字で、制御を条件として決定した形態の機体をいう。

厳密にいえば、ライト兄弟のフライヤー一号はＣＣＶであった。前にも述べたように、フライヤー一号は下反角をもった不安定な機体であったが、それは操縦を前提として兄弟が意識的に設計したものであった。兄弟は十分な安定性をもつ代償としての、舵の利きもまた鈍い機体を欲しなかった。それは彼らがグライダー飛行の経験によって、身体の一部としての機体を望んだからである。彼らは理想として鳥になりたかったのだ。

ライト兄弟以後の操縦者は、火酒のように舵が利く機体に恐れをなして、すこし鈍くても操縦者へ余裕を許すものを望んだため、安定性はまた機体へ付与された。もっともそれが極端になったために、第一次世界大戦初期のイギリス機の安定は抜群であったが、敵機に襲われたとき退避しようと舵をとっても機体がいうことをきかず、盛んに撃墜されたものがあった。これは安定の悲劇である。

ここでだれもが考えることは、安定もよく、同時に舵もよく利く機体は不可能だろうかとの疑問である。結論をいうと、可能であるけれども、普通の機体と普通の操縦系統ではむずかしい、となる。

これは飛行機にかぎらず一般の制御系に共通の事実であり、さらに進んで、人間を一個の制御系と考えたときにも発生することである。たとえば、精神の安定した、落ちついた人間を考えてみるとよい。このような人を動かす、すなわち、操縦することは容易でない。こんな人はなにかバランス（釣り合い）を乱されても、安定な精神によって比較的早くもとの均整のとれた状態へ復帰する。

そんな大人物はめったにいないから、まず正しい目標を立てた上で、あまり馬鹿でないかぎり手の早い人間を開発初期に使い、開発がある程度進んだところで選手交代する方法がある。交代する人間は、一度定まったことに忠実で、めったに目移りしない性格がよい。そして一交代でなしに、数交代を重ねたらなお有効であろう。

このように、一個の人格でなしに、数個の異なる性格を交代させながら使う方法を、制御工学では非線型手法という。逆に線型手法といえば、よく性格が定まって明らかな人格一個だけですませる方法である。ここで重要なことは、その性格が場合により、相手によって変わらないことで、線型とはいわば正直な性格である。いわゆる素性のわからない性格は非線型に近いし、先に述べた大人物的性格はやはり非線型というべきであろう。

しかし、第二次世界大戦後に発達した電子技術、とくに最近の小型電子計算機の発達により、安定も保持するが同時に舵もよく利く機体の実現は夢ではなくなった。

どうするかといえば、そのように理想的な機体の安定性と操縦性が実現するような舵のとりかたを電子計算機によって指令するのである。そんなことができるかといえば、それは可能である。すなわち、現実の飛行機の特性はわかっているから、現在の機体の運動状態、とくにゆれ角とゆれ角速度、必要ならばゆれ角加速度（角速度の毎秒増減）まで計測装置で検出し、それらの信号を加算増幅して、自動的に舵を操作させる。

飛行機の運動を支配する方程式は、ゆれ角、ゆれ角速度、ゆれ角加速度の利きかたに依存する。各飛行状態に応じて理想的な飛行機の運動を発生させる運動方程式はわかっているし、現実の飛行機の運動を発生させる運動方程式もわかっているから、その差は舵をとることで埋め合わせることができる。したがって、現在のゆれ角、ゆれ角速度、ゆれ角加速度を検出し、それらに応じてそれぞれに対する舵角を計算し、加算した舵角をとれば理想的な飛行機の運動が発生することになる。

要するに、病気の症状に応じて調合した薬剤を飲むようなもので、症状はゆれ角、ゆれ角速度、ゆれ角加速度、薬剤は舵角というところである。これは脚気の症状があったらビタミンB_1を服用することに似ている。

飛行機の運動は三次元であり、縦ゆれ、横ゆれ、片ゆれの角運動のほかに、前後、左右、上下の直線運動があるから、それらがすべて理想的になるように舵をとる必要がある。しかし、機上搭載の小型軽量の電子計算機が実用になった現在、この操舵によって安定が保持され、舵が鋭く効果を発揮することは困難ではない。

さらに、機体がかならずしも理想的でなくても、ライト兄弟は操縦によって思うままに運動させた。それと同じことが電子計算機でできないはずはない。いまの飛行機はゼロ速度から超音速までの広い飛行範囲をカバーするから、そのいずれの状態でも理想的な形態をとることは困難である。だが、あちらを立てればこちらが立たないとの二律背反も、電子計算機で解決できる。

もちろん、いくら電子計算機でも限界があって、尾翼がないのに飛んでみたりする芸当は不可能である。せいぜいが小さい尾翼でも大きい尾翼と同じような舵の利き、それによる安定の保持ぐらいのことしかできない。

現在、まだ完全なCCVは実現していないが、アメリカのジェネラル・ダイナミクスのF－16戦闘機などはこの匂いがする。この戦闘機はまたフライ・バイ・ワイヤといって、操縦桿（昇降舵と補助翼操作）とペダル（方向舵操作）から三舵へは、機械的連結、つまりケーブルと滑車、押引棒、トルクチューブ（ねじり棒）などでは結合していない。操縦桿とペダルの運動は電気信号となって電線（ワイヤ）を伝わって操舵装置に送られる。したがって、電線によって飛ぶ、というネーミングとなった。

ジェネラル・ダイナミクスが開発したＦ－16戦闘機

フライ・バイ・ワイヤはCCVと直接関係はないが、とりつけや作動は楽になり、かつ電子計算機を結合するとき便利である。とにかくF－16はパイロットが荒い操縦を行なって、普通の機体なら空中分解してしまうほどの激しい運動をしようとしても、電子計算機がすべて途中で介入し、機体が耐えられない加速度または減速度が発生する傾向を予測して、パイロットの操作を切りすててしまう。

ＣＣＶが発達すれば、荒天中を飛行して気流に反抗し、ついに機体が損傷してしまうことも避けられる可能性がでてくる。これはヤナギに風と受け流すの実践であって、また、サーフライディングと呼ばれる波乗りとも関係がある。ヤナギが風で折れず、硬直な喬木《きょうぼく》（高い木）が風で折れるのは、ヤナギが巧みに変形し、喬木は風にまともに抵抗するためである。また、波乗りで転覆して波でたたかれるのは波に乗りきれなかったからである。

もし形態が飛行中に変えられ、不規則な気流を感知でき、迅速に電子計算機で信号を作ることができる広義のＣＣＶが実現したら、軽い機体で荒天を突破し、しかも理想的な運動が可能な飛行機となる。

まだ完全に開発されていない機体であるから、具体的にどんな形態や制御法になるかは不明だけれども、ヤナギにできること、まして人間の波乗り選手ができることを電子計算機ができないはずがない。こんどはこんな風が吹いてくるぞ、つぎの波はこんなふうらしいぞと素早く感知予測して、ふわりと受け流し、あるいはすらりと乗りきることは夢ではない。

現在だってジャンボの主翼は突風によってたわみ、部分的ではあるけれどもヤナギに雪折れなしのたとえを実行している。これを鉄橋のように丈夫に作ってたわみを少なくすることは可能だが、それではきわめて重くなるだろうし、またそんな頑丈さは不必要である。現在程度のたわみなら、ジャンボの生涯にわたって繰り返しても材料が破壊する心配がないことは、寿命試験によって確認されている。

飛行機は必要で十分な強さをもてばよい。これは鳥が何億年にもわたって実行してきた鉄則を継承したにすぎない。神経質なことをいったら、一見強固に思われる鉄橋だって、わずかにたわんでいる。たわみそのものは避けられないものであり、問題は危険なたわみか、安全なたわみかの判別である。

さて、ライト兄弟に始まった飛行機の安全と操縦は、現在、電子計算機の導入にいたるまで進歩した。しかし、その精神は、ライト兄弟たちがキル・デビルの砂丘で身をもって感知した原理を、寒風に凍えた手で操縦桿を操作するかわりに、電子計算機にそろばんを入れさせているにすぎない。電子計算機は絶対に主人ではなくて、従僕にすぎない。それを忘れて依頼心を起こしたら墜落は目前にある。

ＣＣＶなどとむずかしげな術語を使っても、実はライト兄弟がすでに七十年以上も前に実行していたことのリバイバルにすぎない。

飛行機は風に吹き流される凧ではなく、安定は受動的な保身の道であることをいち早く看破していた兄弟は偉大であった。彼らは操縦こそ能動的な安定保持、というよりも安定創成といったほうが適切であるが、それを確信して、フライヤー一号を設計製作した。このことはわれわれの人世における安定、われわれの社会における安定へも重大な示唆を与えてやまない。兄弟の業績をいかに受け止めて指針とするかは、各人の思索に従うことである。

ライト兄弟、とくにウィルバーが実社会の乗りきりで難破したとしても、その偉大さはいささかも損われず、ただ、いたましく思うだけである。だれでもヤジロベエの両手を持っているわけではなく、もし、片手しかなかったら適切なもう一方の片手を探すべきである。

現在ＣＣＶまで進んでも、ライト兄弟たちが望んでいながら実現しなかったことは、飛行機が鳥になりきることである。水中で溺死する魚がいないのと同じように、空中で羽根を折る鳥はいない。それは鳥が風に乗っているからである。鳥の羽根は絶対に鉄橋の強さをもっているわけではなく、むしろ現在の飛行機のほうがはるかに鳥より硬直しているといえよう。それでいて飛行中に骨折や捻挫をする鳥はいない。もちろん、台風の中に巻きこまれて遭難する鳥はいるだろうが、それは例外的なケースである。

ＣＣＶの理想は、飛行機も完全に風に乗って、いまよりも軽くてしなやかな機体で荒天を乗りきることである。それが実現すれば、鳥に一歩接近したことになる。人間は、リチャード・バックが書いた『かもめのジョナサン』が幻想の世界で実現した超音速飛行を、現実の世界で実行してしまった。それでも大気中で飛行しているかぎり、鳥は人間の師である。鳥に学ぶことは、今後も不変の指導原理であろう。

II

安定の思考

1　ヘリコプターは皿まわしである——不安定でも救いはある

ヘリコプターは飛行機とちがって、元来、不安定な航空機である。たとえば、機首が上がると、回転翼のうち前へ向かってまわっていく羽根は、下から風を吹き上げられて前方で機首上げ力を発生させ、後ろへ向かってまわっていく羽根は吹き下ろされて後方で機尾下げ力を発生させ、機首はますます上がってしまう。

そもそもヘリコプターは、回転翼という大きな皿を機体の棒の上にのせた、皿まわしの芸当であるから、気をつけないと皿を落としてしまう。もちろん、パイロットは高度の熟練者だから、めったに皿を落とさない。

どうするかというと、回転翼面の前後の傾きを制御するのである。回転翼を前後に傾けるには、回転軸にとりつけた斜板（回転軸に斜めにとりつけた滑り動く円板）を強引に上げ下げして、回転翼が前と後ろで上がったり下がったりするように回転させる。つまり、皿まわしで、まわっている皿が棒に対してかしいだまま回転するのと同じことをさせる。

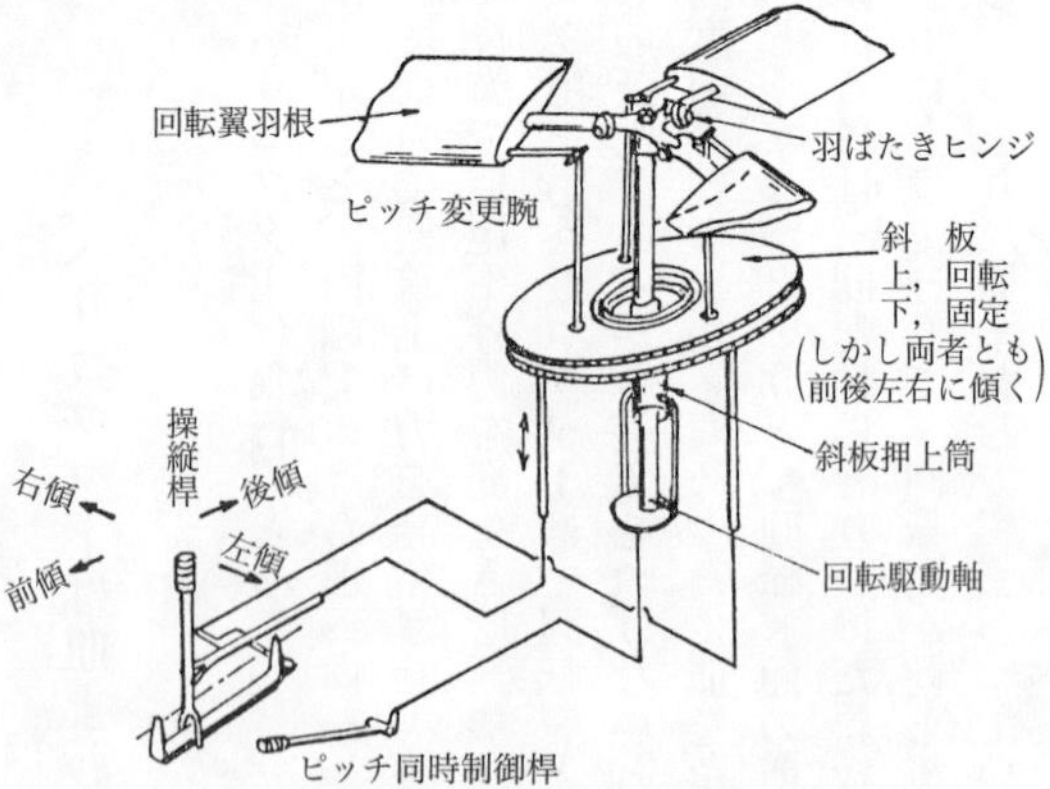

ヘリコプターの核心をなす斜板機構（飛行方向は左）

このとき、皿まわし師は棒をちょいと中心から外して皿をかしげるが、ヘリコプターではそうはいかないから、パイロットは斜板をハンドルと結合棒でかしげ、回転羽根がその上を滑りながら回転するようにする。

つまり、ヘリコプターのように不安定なものでも、上手に操縦すれば釣り合わせることは可能である。これは棒の上にのせた皿が、まわさなかったら当然、たとえまわしても、ついたら落ちる不安定なシステムであるのに、操作によって釣り合っていることと同じである。

飛行機でも揚力中心と重心がうまく一致していてこそ、いままで述べたような固有安定をもっているのであって、その設計を誤ったら、けっして安定ではない。これはたとえV字形配置をしたところで免れることはできず、初期の飛行機がよく墜落したのは設計ミス、あるいは無知によって釣り合いすらとれていないものが多かったからである。それを操縦によってなんとか釣り合わせたにしても、うっかりしたり、エンジンがストップ（当時のエンジンは気力で回転しているようなものだった）すれば、急速に危難の黒い影は増大した。

現にライト兄弟の動力飛行機第一号フライヤーは、前記のとおり不安定であった。一九〇三年十二月十七日の弟オービル操縦の第一回飛行（一二秒間で距離約三七メートル、ジャンボ機の全長の半分）は著しい波状飛行であったというから、固有安定はなくて、いわゆる、ひっかけられた（機体を十分制御できない）飛行であった。しかし、ここはさすがライト兄弟で、二回目からはなんとか制御して飛んだ。

彼らはこの初飛行の前、一九〇二年九月から十月にかけての一ヵ月間に、実に千回ほどのグライダー練習を積んでいたから、そのグライダーにエンジンを積んだ（寸法は増してあったが）フライヤー一号を制御することは可能であった。もっともこのため、後にライト機はライト兄弟でなければ操縦できないという伝説を生む原因となった（兄弟はかなり多数の後継パイロットを養成したから、この伝説は根拠が薄い）。

ここで、ヘリコプターへもどって、不安定な航空機でも、あるいは皿まわしを考えて、不安定なシステムでも、はたして大丈夫であろうか。どうもそれは無条件では肯定できないようである。すなわち、両方の場合、釣り合いが崩れたとき、それに対処するための時間が短すぎて操縦操作する余裕がなかったら、ヘリコプターは墜落し、皿は落下するにちがいない。

皿まわしの場合がわかりやすいから例にとってみると、棒が長いところに操作法の秘密がある。長い棒であるから、釣り合いが崩れるときも、ゆっくりと倒れる。箸のように短い棒だったら、皿がかしいで、アッ、危いぞという暇もないうちにスッテンコロリンと落ちるにきまっている。それを長い棒だからこそ、おっとドッコイと一息あって、それから操作可能になる。これは一種の時間かせぎである。ヘリコプターの回転翼は長い棒で支えてはいないが、それに近い支柱で支持している。

もう一つ、ヘリコプターと皿まわしの共通点は、回転翼も皿もともにまわっていることである。元来、回転している物体はしぶといものである。たとえばコマを見るとよい。回転しているコマを倒そうとして押すと、押した方向と直角にスルリと逃げてしまう。どちらへ逃げるかは、押した向こう側のコマの回転方向と一致すると覚えておけばよい。

これからわかるように、押さないかぎり、コマあるいは皿は回転を続けることはもちろん、押してもただ横へ逃げるだけで、その押す、あるいは引く力のなかには皿を引きずり下ろそうとする重力も入っている。皿がこの重力で引っぱられるとき、ツルリと横へ逃げるからなかなか落ちないともいえる。同じことはヘリコプター回転翼についてもいえて、皿が落ちないように、なかなか墜落しないことが想像される。

ヘリコプターと皿まわしは、肩すかし的、あるいは居直り的制御である。したがって、先行的・先見的・事前的ではなくて、原因が発生した後に結果を生じるから、事後的であって時間遅れを伴い、処理の見かけはスマートではないが、ずうずうしくて図太い。

ヘリコプターも皿まわしも、不安定なシステムだが、このように時間かせぎと制御によって無事に運行あるいは演技を続けることができる。これはなにか象徴的なことのように思えてならない。たとえば、経済に例をとって考えてみると、経営が不安定な会社で、肩すかしや居直りでなんとか切り抜けようとしても、ヘリコプターのように有効な操舵力

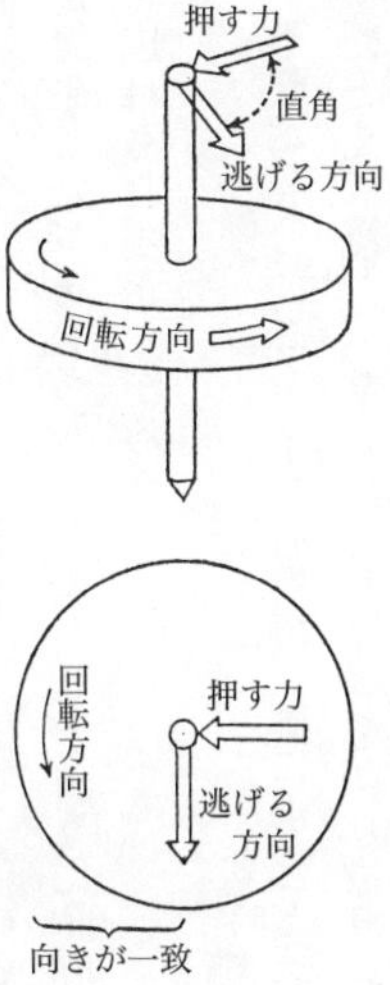

コマの逃げ方

(回転軸の斜板のほかに尾部小回転翼、これらをもってはじめて近代的ヘリコプターが誕生した)をもつか、皿まわしのように時間かせぎが可能でないかぎり、単なる一時逃れもむずかしかろう。

不安定なヘリコプターでも操縦制御によって安定となる事実から得た見解

たとえ、怪しげな会社でも難局を切り抜けられる、なんとかなると思っては誤りであろう。ヘリコプターは回転翼という大皿をまわし、長い棒で支えている形にしたため操縦制御が一息はいって可能であった。これだけの準備をしてはじめて安定となるのであるから、この一息入れる間合いは十分研究する価値があるのではないか。

2　コマは小宇宙である――自立安定の最低条件

天体は惑星でも恒星でも回転している。その回転は一見気まぐれでなんにもならないようでも、実はたいへんな財産である。それは天体と同じく回転しているライフルの弾丸を考えてみればすぐわかる。ライフル弾丸が安定して飛んで目標に命中することができるのは、回転しているからである。もし、回転していなかったら、空気中はもちろん、真空中でも、わずかのはずみで弾道は大きく狂う。そのわずかのはずみのなかには、空気のあたりかたや、弾丸の重心の狂いなどが含まれるから、要因は多数ある。

天体の回転は宇宙生成時の遺産といってよい。遺産の大きさは回転速度で表現され、天体の質量と大きさが増せば、なおはずみがつくことになる。この意味の回転速度が大きければ大きいほど、外部からの妨害に対して抵抗をもち、安定は崩れがたく、軌道は長年月を経ても乱れない。

天体にかぎらず、回転している物体が安定であることは、コマで遊んだこどもの時代から、だれの頭のなかにもしみついている事実である。そのとき直観的に、回転しているコマが威勢よく、回転を止めたとたんにいままでの勢いが消滅し、コマは死んだように倒れて起き上がらないことを知ったであろう。回転しているコマは生きているんだという直観は貴重なもので、もろもろのジャイロ（正確なコマのこと）計器に応用された。

コマは外部から力をかけないかぎり、回転軸の方向を変えず、いつまでも天の一角を向いている。もちろん、どんな物体だって、他から力を加えなかったら、静止しているものは永久に静止し、運動しているものはいつまでもその運動を続ける。ところが、コマの場合は回転という自己のなかに内蔵していて、容器の姿勢あるいは大きさにわずらわされない状態を利用し、回転軸をジンバル（自由支持枠）という保持装置によって、天の一角を指向させるところがよい。ジンバルの軸受摩擦を小さくすれば、いくらでも自由支持状態に近くなる。

地面の上でまわすコマは完全な自由支持状態ではなく、地面の摩擦力を受けるが、それでも回転軸はほぼ垂直に立って、生きもののようにその状態を維持するため、小きざみに首を振りながら回転している。

静止している物体は寝ているようなもので、寝ていることのメリットを利用する道はない。また、大きく運動している物体を狭い空間に閉じこめておく方法はない。ところが、回転しているコマ、あるいはジャイロは、狭い空間に収容することができ、重力が存在しても重心に作用するだけだから、それ以外の力（正確にいうと、回転軸をねじ曲げる力、すなわち、回転軸に直角で方向が相反する一対の力）をかけないかぎり、最初の方角をいつまでも維持する。

これによって、なにも手がかりのない空間で方向を知ることができる。たとえコンパスがなくても、あるいは北極あるいは南極でコンパスは無効でも、ジャイロだけは有効である。現に、北極を飛ぶ航空機はみなジャイロによって方向を知りながら航行する。

ライフルのつぎには、ロケットがこの回転による姿勢の安定化を採用した。東大宇宙研のカッパ、ラムダ、ミューなどはみなロケットに回転（スピン）を与えて発射し、姿勢を変えないように安定させた。上の段で姿勢を変えるときだけ回転を止め、姿勢が変わったら再び回転を与えて、ついに水平にして人工衛星とすることに成功したことは、回転による安定化の有効さを示すものであった。

このような意味のコマは小宇宙である。なぜかといえば、自分たちだけの積極的な結束である回転によって、姿勢あるいは指向性（方向を指すこと）を保持する。それはいじらしいほど自主独立性に富むからである。

コマが姿勢あるいは指向を変更するとすれば、それは回転軸をねじ曲げるような力が外部からはたらくときだけである。重心に作用する重力のような力は、ただコマに重量を発生させるだけにすぎない。コマの回転速度が大きく、コマの質量と寸法が大きいほど自由独立を侵す外力に抵抗する。

この抵抗がまた独特のものであって特筆に値する。すなわち、コマの回転軸をねじ曲げようとして、いわば、自由独立の方向を変更する試みを企てるとき、コマはその押しと引きの二力（ねじ曲げる努力は回転軸の二点に加えた等大反方向の二力で代表できる）のいずれにも屈せず、前に述べたようにスルリと二力と直角の方向（押す力の向こう側のコマの回転方向および引く力の手前側のコマの回転方向）に身をかわす。この結果、回転軸がバトンガールのまわすバトンのように全体として回転する。この回転を歳差運動という。

歳差運動は、コマの回転が速いほど、コマの質量と寸法が大きいほど低調、つまり歳差運動の回転速度は小さい。歳差運動はこどもがまわして遊んでいるコマにもよくみられ、コマは回転しながらもっと大きい円を描いて地面上を周回する。これは回転軸の一端が地面に接しているので、その点の摩擦力がコマを地面に対してねじ伏せようとするからである。

私はコマの運動に象徴的なものを感じる。すなわち、コマの自主独立を屈服させようとする圧制が加えられるとき、コマは抵抗し、たとえその自主独立の方向（回転軸の方向）がやむをえず変更されたとしても圧制主の意図とは直角だけ食いちがった方向へ逃避する。これはいわばレジスタンスの転進であって屈服ではない。その転進速度は、団結、すなわち、コマの回転速度、結集、すなわち、コマの質量と大きさが増せば増すほど微小になる。したがって、うなって回転している重くて大きいコマは容易に回転軸の方向を変えず、常に天の一角を指して、われらの志向はあそこだと態度を変えない。

歳差運動のわかりやすい説明はかなりの難問で、理工学部の学生でもちょっと当惑する。これを説明するにはつぎの例などはどうであろうか。

いまバレリーナがつま先で舞台の上に軽く（摩擦なしで）立って、向かって右から左へ身体を回転しているとする。このとき、教師がバレリーナの腰へ手をかけ、教師の正面を通過する一瞬前にバレリーナのおへそでは下向きに押し、そのちょうど背面では上向きに押したとしよう。

これによってバレリーナの身体は正面から見て右へ（一瞬前に力をかけたから）傾

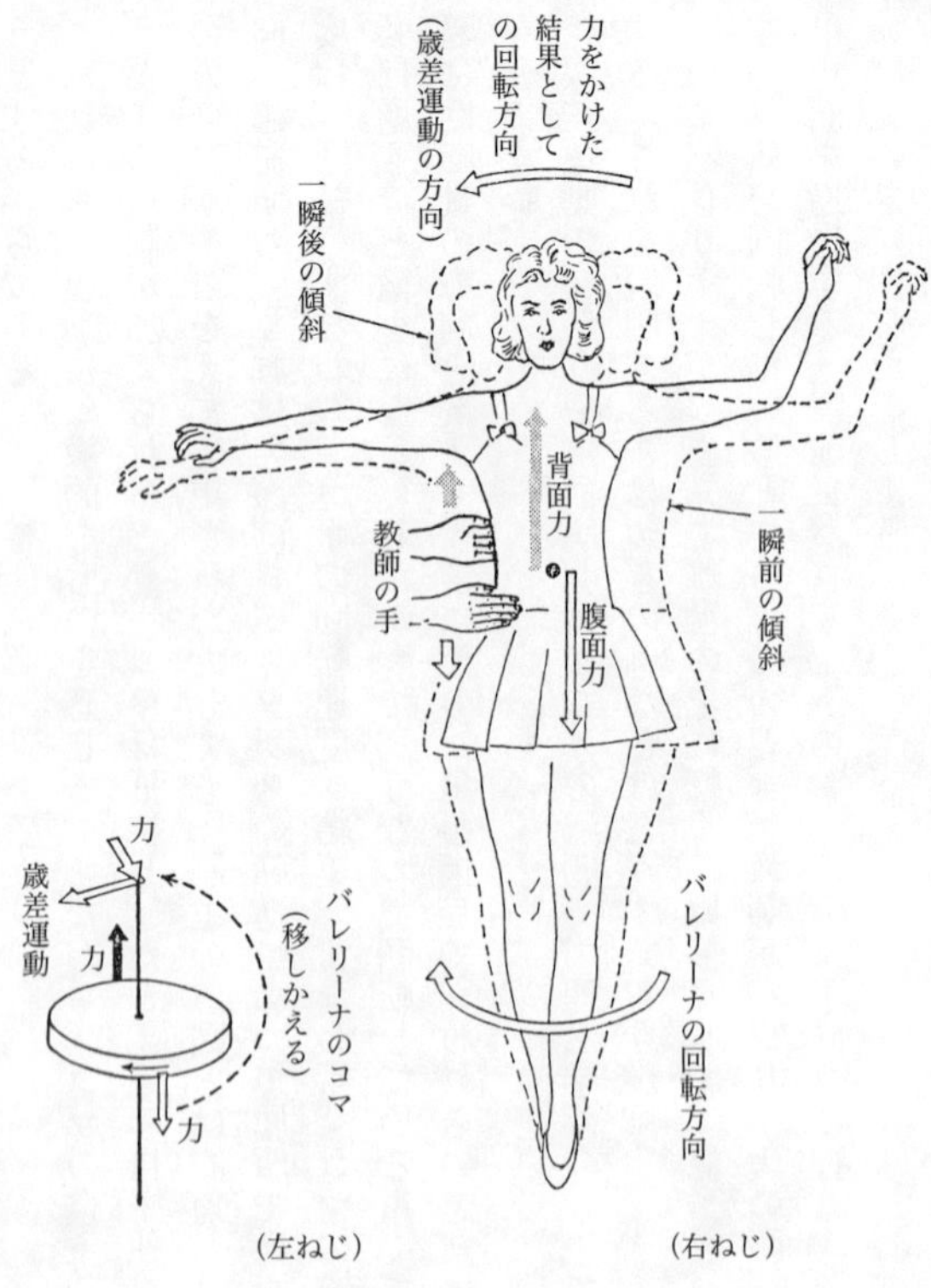
力をかけた結果としての回転方向
(歳差運動の方向)
一瞬後の傾斜
背面力
教師の手
腹面力
一瞬前の傾斜
力
歳差運動
力
力
バレリーナのコマ
(移しかえる)
バレリーナの回転方向
(左ねじ)
(右ねじ)

バレリーナの力学

くにちがいない。しかし、腰は回転しているから、バレリーナが教師の正面を通過するとき、舞台床からおへそまでの距離を保つために身体は直立する。教師はまだ力をかけているので、正面通過の一瞬後に、こんどはバレリーナの身体が正面から見て左へ傾くはずである。

このことから、回転しているバレリーナの回転軸（頭からつま先までの線）を傾けようとする努力、ここではバレリーナのおへそと背面へかけた教師の手の力は同じ努力であるが、それはバレリーナの腰が回転しているために、教師のほうへ向かっておじぎさせることはきわめてむずかしく、単にバレリーナの身体を右から左へ傾けることになる。これが歳差運動である。もちろん、腰の回転が速く、重くて太っているバレリーナほど歳差運動がわずかになることは自明である。

コマの歳差運動が理解しがたいのは、力と回転力（正確にはモーメント）とを区別しないからである。力は、それをかければその方向に運動を発生させるけれども、回転力はねじの力となって、力（相反する二個の等しい力）をかけた方向と直角にねじが進む事実を頭に入れると理解しやすい。

いまのバレリーナの例でも、おへそと背面にかけた相反する二個の等しい力によって、やはりねじ的運動であるバレリーナの回転が影響を受けて、この二個の相反等大力によるねじの進み方向、すなわち、バレリーナの右傾左傾（歳差）運動になったのである。

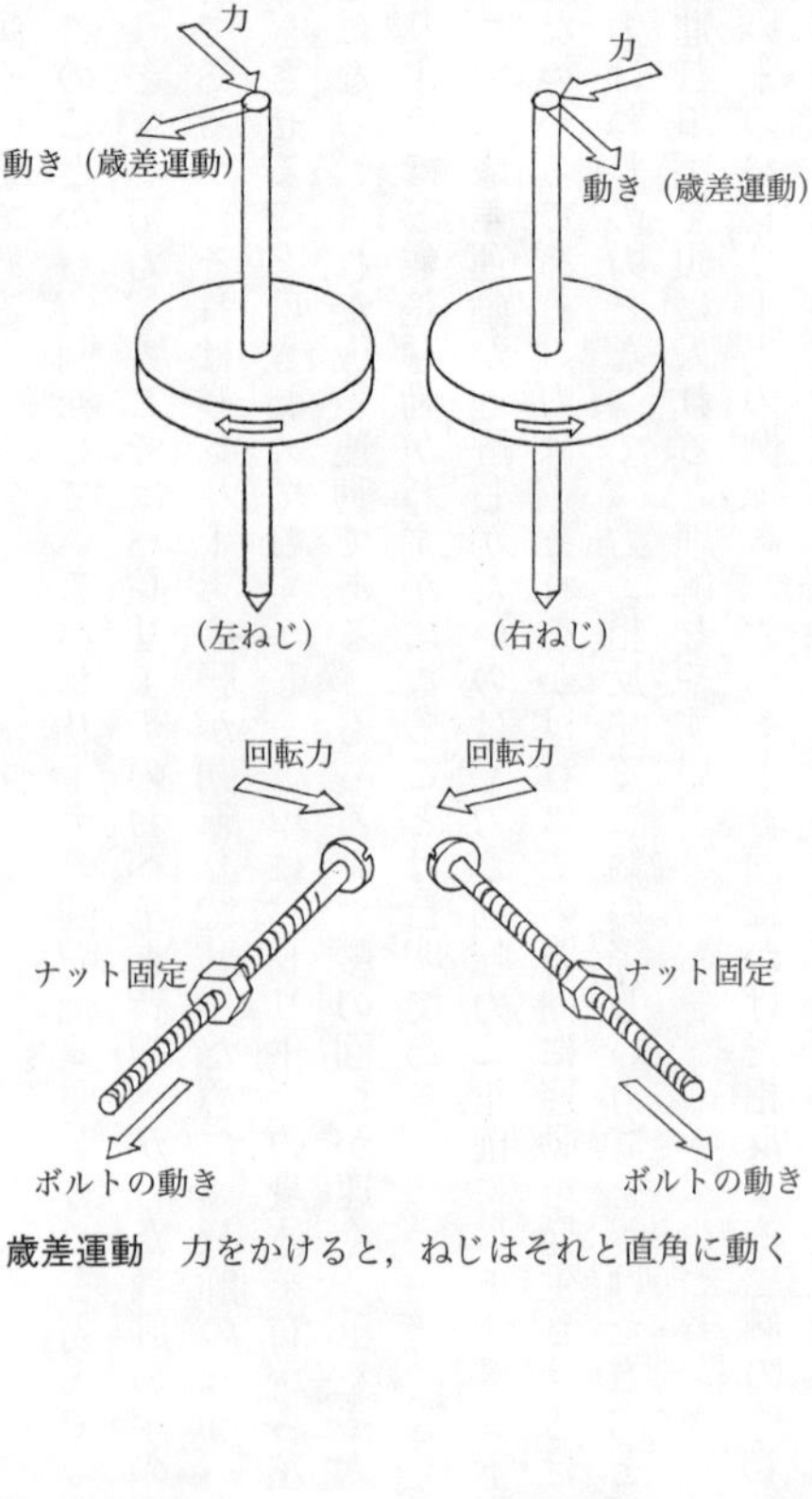

歳差運動　力をかけると，ねじはそれと直角に動く

　そして重要なことだが、バレリーナの歳差運動によって、バレリーナにはずみができて、教師の手の力（相反する等大の二力）と釣り合う力（ただし、内部力）が発生する。こうなったら、もはやバレリーナに教師へ向かっておじぎさせることは不可能で、歳差運動は教師の力がかかっているかぎり続く。

　このはずみは、物体に力をかけて加速して運動させるとき、物体は加速度に伴ってあとへ残るようなはずみ（力）が発生するのとまったく同じことである。ただし、このはずみ力は内部的なものだから、外部から加えた力を打ち消すものではなく、外部の力のあるかぎり加速は続く。

　コマの運動に関する結論を述べよう。なんにもほかに頼るものがないとき、回転運動こそ一つの団結安定力である。ただし、なるべく結集を固めるため、人と資金を持ち寄ることが重要だが、いくらそれが多くても、団結の精神力ともいうべき回転が低調であったら、全然意味はない。

　逆にいえば、ロケットなどでの回転による安定化は、もっとも単純なかわりに、回転による内部構造や装備品への悪影響があって、高級な方式とはいえない。大陸間弾道弾（ＩＣＢＭ）などは、もっと複雑な姿勢制御装置を装備しており、いわばスピン（回転）安定が小会社的ならば、ＩＣＢＭは大会社的ともいうべきであろう。

コマの観察から得た見解

どんなに小さい集団でも、結束すれば、そして強く結束するほど、外部の圧力に抵抗する力を発生する。これこそ自立安定の最低条件で、回転という実現可能な手段により、さらに精神力によって回転を高めることにより、いくらでも結束を強めることができる。宇宙は、小さい原子分子から、巨大な星雲にいたるまで回転しているが、これこそ自主独立の自然界における具現である。この観察を貴重に思わなければ、自分で自分の宝を放棄するに等しい。

3　過度の安定は悪である——強引な安定化は混乱のもと

安定成長とか、安定した社会、安定した経営とかいう表現の裏には、安定へのかぎりない憧憬がひそんでいる。安定した社会で、安定した経営のなかにどっぷりとつかることはなんと楽しいことであろう。

しかし、現実の社会はすこしも安定していないし、そこで安定した経営を営むことは夢に近い。これはちょうど乱気流で荒れる空を飛んでいる飛行機のようなものである。こんなとき、パイロットは飛行機のスピードをすこしゆるめ、いわば船が荒れ狂う波へ高速で衝突することを避けるようにして飛ぶ。

現代のジェット機は時速約九〇〇キロメートル、秒速にして二五〇メートルほどだから、秒速三〇メートルぐらいの暴風だったら、まっすぐに吹いているかぎり、ものの数ではないが、その風の変動が問題である。風はこんなとき、あっちへ吹いたかと思うとこんどは突然こっちへ吹く。この突然性が問題で、飛行機の速度が急変しては小さい穴へつまずくような形になるが、高速で飛んでいるから小さい穴でも影響は大きい。エアポケット、つまり、空気の穴とはこのことである。さらに晴天乱流、すなわち、成層圏下部（ジェット機の運用高度）の、ホースで水を吹き出したような局所的強風領域で雲がないのに気流が乱れるところでは、風速、風向きの変動も大きい。

それでも飛行機は安定であるから、客室の窓から主翼を眺めると、翼端は大きくたわみ、エンジンとりつけ部も盛んに上下にゆれているさまが見える。すこし薄気味悪いけれども、なんとか機体は小きざみにふるえながらも風を切って飛行を続けていく。安定はありがたいものと感謝の心がわく。

そんなにありがたい安定ならば、うんと安定にして、すこしぐらいの乱気流でもびくともしないことが望ましいとだれでもが考える。そうなると、安定の程度、すなわち安定性、いいかえると平衡（釣り合い）状態から変動したときに復元しようとする力の大きさが問題になる。もちろん、この復元力が大きければ大きいほど安定度は高く、安定性が大きいという。

ただし、これだけでよいだろうかと考えるべきである。わかりやすい例を引いてみよう。自動車がセンターラインを越えたので、それたいへんと大きくハンドルを反対側へ切ったとしよう。それによって、たしかに自動車は復元するだろうけれども、そこでハンドルを切ったままにしておくと、こんどはもとの方向をいきすぎて、歩道のほうへ突進してしまい、また危険なことになる。

これを防ぐには、運転経験者ならよく知っているとおり、もとの方向に近づくにつれてハンドルを中立位置へもどさなくてはならない。しかも、ハンドルのもどしかたは、もとの方向に復元したときに中立位置にするのでは遅い。どうしても、その前に中立位置へもどし、あとは勢いだけでちょうどもとの方向に落ちつくようにするのがよい。

それはよいが、もとの方向のどれだけ手前でハンドルを中立位置へもどすべきだろうか。それはいまちょっと述べたとおり、あとは勢いでもとの方向へ落ちつくようにするのだから、勢いのつきかたできめればよい。勢いは自動車が復元している速度できまる。自動車が急速に復元したら、ハンドルは早く中立位置へもどし、必要ならば再びセンターラインのほうへ切る。これを船ではあて舵といい、船のいき足（復元速度）に応じて操舵する。

復習すると、安定を確保するためには復元力が必要である。しかも、安定度を高くするには復元力が大きいほうがよいと一応（あとでまた論じる）考えられる。ところがこの復元力を作用させたままでおくと、ゆきすぎとなるから、復元が始まったら、勢い、すなわち復元速度に応じて復元力を減らし、場合によっては復元力をゼロ、あるいはマイナス（このときは復元力でなくて平衡からの変動を助ける方向）に作用させる必要があり、これは復元力に対して抑制（専門語では減衰という）である。

このことは、自動車の運転から拡張して、いろいろな乗り物の手動あるいは自動操縦、さらに一般的に、重量をばねで吊った機構の振動などに現れる現象である。この最後の場合には、だれも舵をとっていないが、ばねによる平衡点への復元力に対して抑制するには、たとえば重量を油の容器などに入れて、その勢い、つまり運動速度に比例する油の摩擦を利用する。この結果として、重量を平衡点から動かして放したとき、ほどよい短い振動があった後に、もとの平衡点にもどって静止する。すなわち、この振動は安定である。

こんなことはだれでも知っているし、技術以外の世界でも、経済変動などを調節安定化させるとき、経験にもとづいて適切な処置がとられていると信じる。

ただ気にかかることは、安定化を願うあまり、強烈な復元力を使うと、適正な抑制を加えても変動が速くなって手におえなくなる可能性を生じる。さりとて復元力が弱すぎると、変動が遅くなって、回復のきざしがはかばかしくなく、待ちくたびれる。したがって、復元力は強からず弱からず、抑制も適当にという常識的な結論に到達するけれども、すくなくとも、ただ機械的に、変動に対しては強力な措置をという、そ

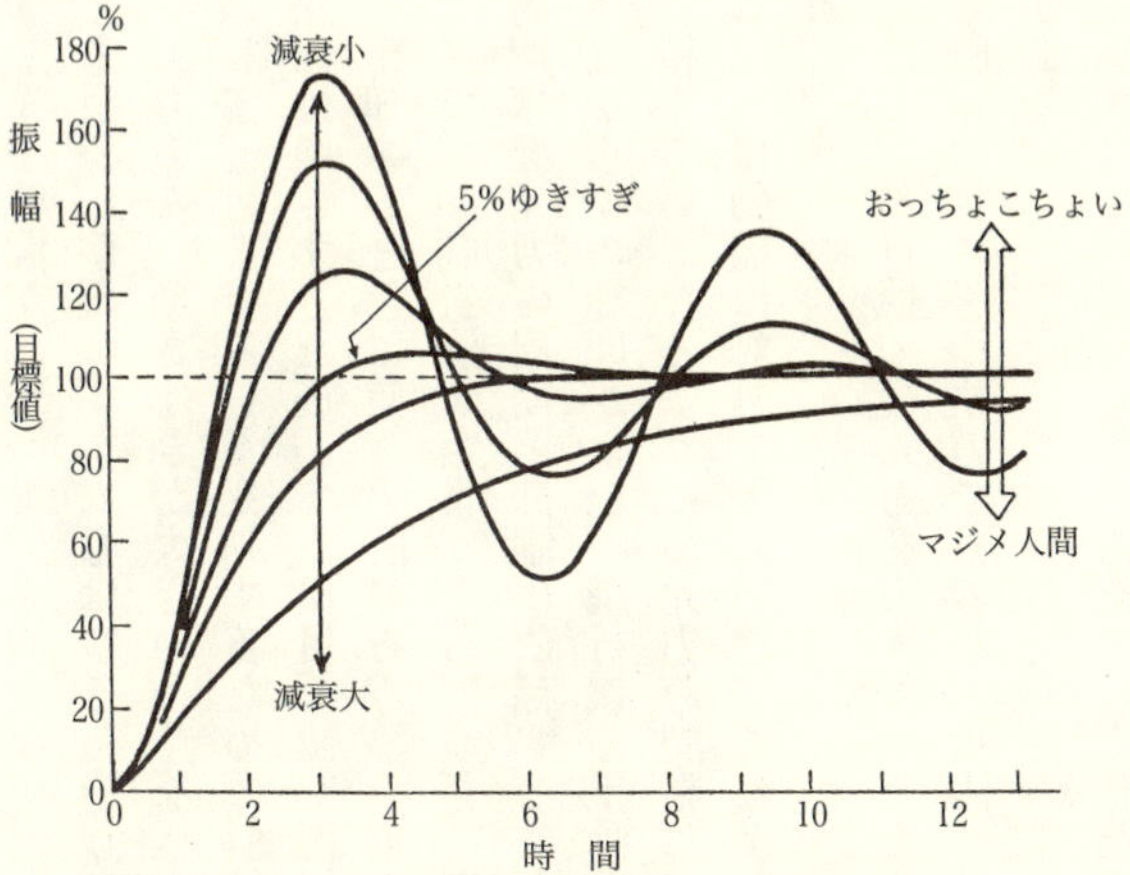

いろいろなゆきすぎ　マジメとおっちょこちょいの境界

れこそ常識的な願望はいささか感情的にすぎることがたしかになった。

もっと具体的に、復元力とその抑制を規定できないものだろうか。

まず、抑制方法から考察すると、目標値（平衡状態値でもよい）の五パーセントほどゆきすぎる程度が適正、と機械力学ではきめることが多い。なぜかというと、ゆきすぎが発生すれば、それを通過することによりたしかに目標値が存在したことを認識できる効能がある。しかも五パーセント程度のゆきすぎならば、間もなく再びもどって目標値に到達できる。

ぜんぜんゆきすぎのない抑制は一見よさそうであるけれども、目標値に達するまで時間がかかって効果的でない。とくに抑制を激しくしたときは、いくら待っても目標値が現れず、人心はゆるんでしまう。

もちろん、ゆきすぎが大きいような軽い抑制では、目標値を何回も下から上から通過して、目まぐるしく変動するために信頼を失う危険がある。理想的には目標値を一回だけゆきすぎた後、すぐに目標値へ復帰する程度が最良である。これは景気の過熱を冷却するときに使う手段である。

さて、抑制方法が定まったら、つぎに復元力の大きさを決定する。このとき、変動周期は復元力の周期と抑制に依存することを考えて、抑制下の状態変動周期が速からず遅からずの範囲がよい。飛行機の手動操縦では、飛行機の動揺周期が〇・五秒から一秒ぐらいになるように復元力を調整している。これ以上に周期が短くなると、パイロットは動揺に対処できないし、これよりも周期が長くなると、イライラするといわれる。

なお、飛行機の復元力を大きくするためには、尾翼を大きくし、かつ、それをつける胴体の長さを増すのであるが、胴体の長さを増すと、復元力以上に抑制が利く効果がある。

いずれにしても、復元力を大きくしたら安定がよくなることはたしかだが、漫然とそのように考えただけでは実際的、実践的ではなかった。自動車の例でわかるとおり、センターラインを越えたので大きくハンドルを切ったのでは荒い操作となって危険である。さりとて小さくハンドルを切ったのでは、なかなか復元しない。そこで抑制を考えた復元力の適正値が必要であった。

ここで単に復元力だけを考える安定を静安定という。このとき時間の観念は、ぜんぜん考慮のなかへ入らない。反対に、ゆきすぎや抑制を考える安定を動安定というのは、時間的変化を考慮に入れたからで、これをダイナミックと呼ぶ観念は時間考慮を指す。

物理的空間でも、一般社会でも、時間を考えない思考は、遊技であるといわないまでも、実際的ではない。その意味で、動安定でないとほんものではないが、動安定をもつためには静安定が前提条件である。

ただし、静安定は復元力の有無とその大きさだけを問題にするにすぎない。しかし、それだけでも、あまり大きい復元力をもたせると害があることは推定できる。すなわち、安定が良すぎると、ちょっとやそっとの影響力では効果がないことだから、飛行機ならば姿勢や方向を変えようとしても、パイロットの操舵に対して鈍感である。あるいは反対に、ちょっと平衡状態から外れてもすぐ復元力がはたらくから、すこし気流の悪い状態で飛んでも、神経質に復元運動をしてうるさくてしようがない。

このように考えると、安定状態のなかにどっぷりとつかっていることは、方針を変えようとしてもおいそれと反応せず、あるいは、なにかあるたびに騒がしいことになる。これらはなんとはなしに、古いイギリスおよびスイスなどが安定であった時代の風潮に似ている気がする。

現在、すくなくともイギリスは、もはや安定期から転落して不安定期に入った。そのとき、もはや絶望であろうか、それともなにか手を打つ方法があろうか。この問題に対してはすでにヘリコプターについて論じた考察が有用である。

安定過度に対する考察から得た見解

平衡から外れたら復元力を発動するのはよいが、むやみに強行すると、変動が激しくなって始末におえない。したがって、適正復元力を、効力が発揮されるについてゆるめながら（抑制しながら）使う必要がある。こんなことは常識的に当然だが、力学の教えるところもぴったり同じで、しかも量的に復元力、抑制、変動周期、ゆきすぎなどの相関を与えてくれる。こんなとき、数学や力学はありがたい。

4　安定なシステムは立ち上がりが悪い——おっちょこちょいの効用

スポーツなどでよく見られるように、強いチームに案外とスロースターターが多い。たとえば、東京オリンピックで神秘的な強さを発揮した日紡貝塚主体の女子バレーボールチームは、ソ連との決勝戦でたちまち何点かとられた後に、いつの間にか追いつき、ついにストレート勝ちで優勝した。ただし、モントリオールオリンピックでは立ち上がりから日本女子バレーボールチームは好調で、最初からリードを続けてソ連チームを粉砕した。この日本チームは昔と別のタイプと考えられる。

スロースターターは機械力学にもまさにそのとおり存在する。

安定なシステム、すなわち平衡状態からの変動、たとえばオイルショックを受けても、静かに回復して復元するものは、新しい目標へ向かってスタートするときもまたスタートダッシュは悪いのである。ここでスタートダッシュというのは、スタート後の一定時間における反応の大きさを尺度とする（一八九ページの図参照）。

反対に、安定の悪いシステム、たとえば抑制（専門用語では減衰という）が悪くて、ゆきすぎも多く、さんざんうろうろしたあげくにようやく復元するようなものは、立ち上がりはきわめてよく、安定のよいシステムを尻目にかけて好調にスタートする。さらに、不安定なシステム、すなわち、変動を始めたらついには復元することのないものは、もっとも立ち上がりはすばらしく、スロースターターとは反対のクイックスターターである。おっちょこちょいと呼ばれる人間には、能力のない始末のわるい者もいようが、かなり能力の高いクラスを含む可能性がある。これは安定性の悪いシステムと考えてよいであろう。

さらに、名人あるいは職人といわれる人物のなかには、不安定システムがまじっていることがある。このような場合に、世俗的に仕事をさせるつもりではついに目標に到達しないうちに逸脱することがある。たとえば、フォルクスワーゲンの設計者ポルシエを評した言葉にこんなものがあった。

「ポルシエを使うには、檻の中に入れて図面を描かせ、でき上がったら取り上げて、本人を外へ出さないようにしなければならない。もし、外へ出したが最後、工場ですでに大量生産が始まっていてもかまわず、あとからあとから図面を直して、とめどがない」

もう一つのタイプとして、計画は雄大で野心的ですばらしく、本人も好調なスタートダッシュを見せるにもかかわらず、仕事が半分近く進むとにわかに興味を失う習癖の性格がある。これも一種の不安定にちがいない。

そこでもし可能ならば、計画の発足にあたっては、おっちょこちょいといってはやや不当であろうが、安定性の低い人物に担当させるか、名人の発想に従ってスタートする。そして仕事が軌道に乗ったら安定性の高い選手へ交代する方式が考えられる。

この方式が危険なのは、計画が雄大で野心的であればあるほど、いわゆる食いちらしが多くて、交代した人間は手のつけようがないことがあろう。しかし、適度に安定性の高い人物を選べば、食いちらしのなかから役に立ちそうなものをひろい上げ、あるいは再設計して目標に到達することは可能な場合が多いにちがいない。このような安定な性格の人物は、落ちついていて、積み上げ能力が高いことが多く、自分の着想は少なくても、他人の発想、とくに名人のアイデアを生かす能力をもつ。民族的にいえばドイツ人などはこの例である。

ヨーロッパ民族のなかで、ドイツ人と対照的な性格をもつのはイタリア人であろう。ドイツ人が積み上げ型ならば、イタリア人はひらめき型で、そのほかなにからなにまで反対のように思われる。したがってスロースターターのドイツ人とクイックスタータ一のイタリア人が協同作業をしたら、申しぶんない成果を得られそうに考えられる。

実際に第二次世界大戦では、ドイツとイタリアは（日本も）枢軸《すうじく》と当時呼ばれた同盟を作って、連合国を相手に戦争という、これ以上劇的な事件は考えられない協同作業を行なった。

その結果はどうであったかといえば、完全な失敗であった。第二次世界大戦そのものが枢軸側にとってついに最後の勝利を得られない賭けであったためもあるが、ドイツとイタリアの協力そのものが誤りであった。

そもそも成功のためには、まずクイックスターターが相手の出鼻をくじいてたじろいだところへスロースターターが現れて、もっと強力なパンチを食らわせてダウンさせるのが常道である。

ところが第二次世界大戦はスロースターターのドイツがクイックスターターとなって電撃戦を開始し、ほとんど成功しかけたところへクイックスターターのはずであったイタリアが参戦した。しかも、そのスタートは危なっかしく、自己の勢力下に置いたアルバニアからギリシャへ攻めこんだのはよかったが、逆に押されてアルバニアへもどされた。さらに、ドイツ軍によって壊滅されかけていたフランス軍の背後を南フランスから衝いたが、これまた逆にイタリア領へ追いかえされてしまった。

このようにいったん調子が狂うと、もともとスロースターターの美点などもっていない民族だから、やることなすことすべて逆となり、一九四三年夏にはイタリア大本営発表が「敵の損害軽微、わが方の損害甚大」（これは笑話ではなくて事実）という情けない状態となって、ついに降伏した。

ドイツも日本もやがて無条件降伏したから、イタリアを笑う理由は一つもないが、この教訓を平和に生かす道は今後にある。クイックスターターがその役割を果たすためには、十分な予測と準備をして、スロースターターに引き継ぐまで持ちこたえなければならない。それが用意も不十分でスロースターターに追従し、いわゆるバスに乗り遅れまいと参戦したイタリアは、最初からすでに判断を誤っていた。

もう一つ、ドイツ軍はイタリア軍を信頼せず、明らかに軽蔑しながら協力させようとしてもそれは無理であった。戦争中も戦後も、ドイツ人はイタリア人が突破口を作られたから敗けたといい、イタリア人はドイツ人に置き去りにされたといって怨んでいた。

この例からもわかるとおり、スロースターターとクイックスターターは互いに仲が悪いもので、それは性格の差による体質的な原因のためである。

こんなに性格のちがう二民族、あるいは二個人を上手に使いこなすには、両者から信頼されている民族、あるいは個人の下で協力させることが最上である。こんな偉業を近世において実行した民族はイギリス人しかいないが、イギリスの場合、名将、名政治家は多数存在した。

スロースターターとクイックスターターとの協力作業から得た見解

この作業が成功したら、それこそ偉業が完成するであろう。しかし、力学的モデルを使って解析してみると、このように途中から様子によって選手交代をする、力学的には非線型と呼ばれるシステムは、状態、とくに最初の刺激の大小によって安定から不安定へ突変する可能性がある。これを人間社会の例に応用すれば、周囲の状況判断による選手交代のタイミングなどの人事管理がきわめてむずかしいことを示すけれども、あえて実行して成功したら（力学的に可能性はある）、これほど痛快なことはあるまい。

5　正直者の力学的モデル――それでは利け者の条件はなにか

正直者を力学的に表現すると、どういうものになるだろうか。

まず考えられるのは、指令あるいは刺激に応じて応答（返事でなしに、指令または刺激に対応する行動動作をいう）あるいは反応が発生し、小さい指令刺激に対しては小さい応答反応、大きい指令刺激に対しては大きい応答反応で対応し、その対応（比例）関係は常に定まって変わらない。したがって、指令刺激があったのに、応答反応がゼロであるというような、黙殺、あるいはタヌキ寝入り的行動をとらないし、相手が平社員であろうが、重役であろうが、態度、すなわち対応関係は不変である。

正直者の資格は嘘をつかないことであるが、これはそれこそ応答反応をそのまま発生させることで、発生した結果を隠したり、変形したりしないことである。

力学的にはこのような正直者の行動を線型であるという。行動はいまいったとおり応答あるいは反応で表わされ、力学的には出力といい、これを発生させる指令あるいは刺激を入力という。線型の力学モデルは、出力が入力に比例し、入力を横軸に、出力を縦軸に書くと、原点を通る直線になり、いかにも竹を割ったような正直者の特性と直観的に一致する。

なお、入力と出力の関係を表わす直線が原点を通る理由は、入力がなければ出力がないためである。もし、入力があったのに出力がなければ、前記のタヌキ寝入り的非線型であり、入力もないのに出力があったのでは、あらぬ発作でないとすれば、よけいな出しゃばり的非線型であって、ともに線型とはいわない。

線型システムとしての正直者の行動は、入力一を加えれば出力はかならず一となり、入力二を加えれば出力はかならず二となることである。これが入力一に対して出力一だが、入力二に対して出力四になるのでは非線型である。

この意味で正直者は、平社員に頼まれたことに対する反応も、重役に同じことを頼まれたときの反応も同一不変である。これがもしちがっていたとすれば、それは非線型であって、正直者のしわざではない。力学的には平社員と重役とを区別することがむずかしいけれども、サービスした結果に対するチップの大小を予期して態度を変えるようなことは、力学的に明らかに非線型とみなされる。それはこのサービス力学を規定する微分方程式が一定不変でなくて、結果に関連して変わり、いわば不純なものだからである。

正直者の行動の最大美点は、一つの入力に対して安定であれば、どんな形式、どんな大きさの入力に対しても安定な点である。これは信頼できることを意味し、デモクラシーの基本は線型システムにあると考えられる。なぜかというと、その原理が不変であり、平等であり、暗黒の存在がない自由を保障しているからである。

ただし、線型システムには固有の制限があることも否定できない。たとえば、前節に述べたように、立ち上がりがよいことと、安定性のよいことは互いに相反する。なぜなら、線型システムで安定ということは、平衡から変動させようとしても容易に応じないことを意味する。したがって、立ち上がりが悪いのは当然である。

これを改善する方法として、前に述べた自動車の例のように、復元する勢い（復元速度）に応じてハンドルを抑制するのも一案である。これは現状を反映する制御方式で、フィードバック、すなわち現状（現在の復元速度）を制御へもどしかえすという意味の近代的手法である。ただし、手動では昔から船頭が本能的にやっていた方法で、それを自動的にやっていることが新しい。残念なことは、フィードバックしても線型であることにかわりないから、正直者の特性は残り、抑制が利いて安定度は増すが、立ち上がりはかえって悪くなる。

さて、ここからが問題である。正直者では無理だとなれば、不正直者はともかく、いわゆる利《き》け者が登場しなければならない。その利け者とは、相反する要求を呑んで対策を講じる人間である。さて、彼はどうするだろうか。

まず、自分で二重性格者の役割を自覚する。すなわち、電光石火で立ち上がり、仕事がスタートしたところでじっくりと安定した腰を据える。これは可能だろうか。一人の人間では無理かもしれないが、複数の人間を使うことによって可能となるかもしれない。そのかわり、タイミングよく選手交代をしなければならないから、冷酷なまでの人事が必須条件となる。未練が残ってはシステムが不安定になる恐れがある。

もし、これを一人の人間でやろうとすれば、気の軽いおっちょこちょいの性格と、たぐいまれなる腰の重い性格とを使い分け、間髪を入れずにジーキルとハイド的変身を行なわなければならない。こんな人間は探せばいないことはあるまいが、非線型で複雑な性格だから、使いこなすこともまたむずかしいであろう。つかまえどころのない人間といわれる人のなかには、このような性格が存在するかもしれない。

いずれにしても、困難な要求をつきつけておいて、社内に人がいないと嘆くことには、矛盾がある。日ごろは線型的な期待をかけておきながら、難局では非線型的な人間でないと不可能な実行を突然強要することは、ないものねだりに等しい。

また、ある事例では好解決をしたといっても、他の事例でうまくいくとはかぎらない。力学ですらそのような実例があるのだから、ましてはるかに複雑な社会の現象では当然である。

昔から有能な大将には上手に部下の使い分けをする人が多かった。これは一人の人間にすべての性能を要求することの無理を知っていたからであろう。支配する者の側からすれば、支配される者の線型特性、すなわち部下のすべてが正直者であることほどの美徳はない。それは安定の予測が可能で、不安定という叛乱の危険がないからである。したがって正直じいさんは表彰されて領民の模範となる。

ところがいったん領地に危難が迫って、相反する要求がつぎつぎに発生したら、もはや正直じいさんでは手におえない。さりとて、非線型特性をもつ「腹心の部下」を平素から飼っておいたのでは、気心がわからない（非線型の特徴）ので不安でたまらない。したがって、線型ではあるが、それぞれ強烈な個性をもつ部下を複数組み合わせて使い分けする方法がもっとも有効的である。

名将の資格は、部下の特性識別とその使い分け、およびタイミングであった。配役がぴったりときまったとき、その演劇は半分成功したといわれるとおりで、あと半分の成功要因は出番の秒読みである。

正直者の力学的モデルは以上のことでわかったが、利け者の力学的モデルはどんなものであろうか。

　正直者の力学的モデルが入力（指令あるいは刺激）に対して出力（応答あるいは反応）が直線的な関係にあると、前に述べた。そうすると、利け者の出力は入力に対して直線的でないことが想像されるが、そのとおりである。ただし、この直線的というのは、入力ゼロのとき出力ゼロ、以後は入力に比例して出力が変化し、その比例のしかたは一定である。

　前にも述べたとおり、入力があるのに出力がない黙殺、あるいは、タヌキ寝入りは利け者の第一歩である。ただし、一定（これが重要）の時間遅れがあって、入力投入後に出力に追従する行動は、やはり正直者の特性のなかに入り、悪意がなくてただのろいだけだから、利け者の資格には入らない。これは同僚が待っていても、専務がイライラしながら待っていても、ちっとも変わらない冴えない社員の特性である。

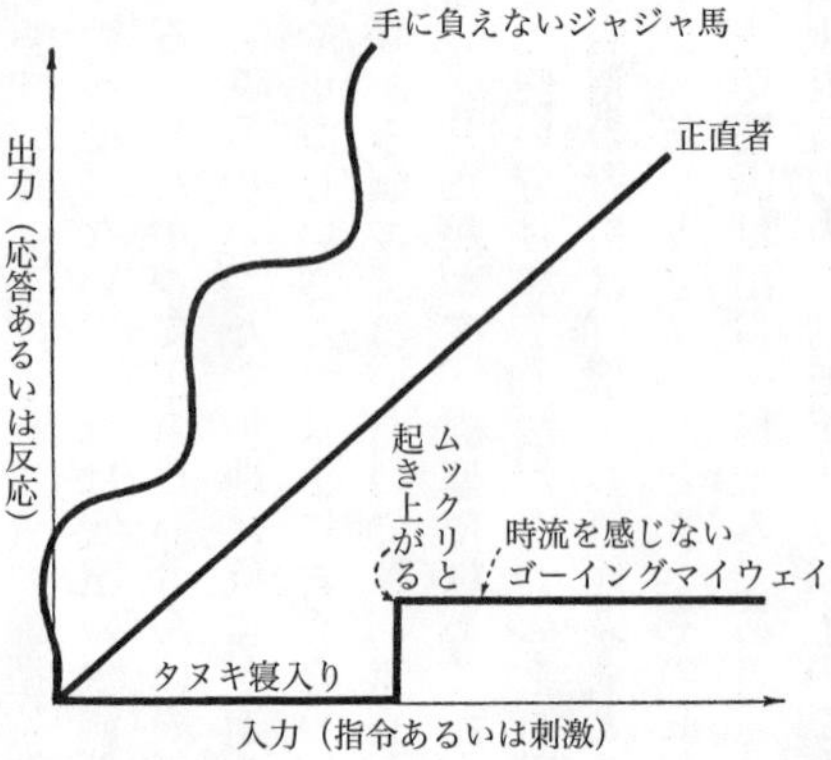

正直者の力学モデル

ところが、宮本武蔵が佐々木小次郎を巌流島に待たせておいて、木刀を作りながら時間をかせいだ行動は、小次郎のいらだちを計算に入れ、ふだんから小次郎の特性を研究して、爆発寸前まで持ってきたのであるから、非線型的であった。

いいかえると、相手の態度や状態の実態に応じてこちらの行動を決定することが非線型である。このとき、相手の態度や状態の外見をこちらの行動へ機械的にフィードバックすることと厳重に区別する必要がある。小次郎が怒っているらしいぞ、それではいってやろうか、ではいけない。それでは相手にトリックを見すかされる。これは単純なフィードバックで、小次郎が怒ったふりをしただけで武蔵が現れなければならないのでは困る。

真の非線型は相手の本性に根ざしたもので、ただ怒ったふりをしているのではなく、もう頭にきて我を忘れていることが疑いないことを現実にたしかめた上での行動をいう。

専務が腹を立てているぞ、お茶でも持っていけという単純なフィードバックは非線型ではない。そろそろ危なくなるぞ、いまのうちならゴルフの話をすれば食い止められるというたぐいは初歩的な非線型的対策の一つといえる。

力学的にいえば、相手への行動を定める微分方程式の要素を相手の状態によって決定することが、非線型の条件である。これを相手の行動によってきまりきった一定の、フィードバックをかけることは線型にすぎない。

利け者の非線型要素をもうすこし述べてみよう。入力があったとき、出力はそれに比例して増さず、一定値を保ったままという反応も非線型である。これは入力側から見て張りあいのない応答であるが、出力側の利け者からすれば、相手に釣りこまれない利点がある。人生、意気に感ずなどの反応を気安く発揮することは、利け者がもっとも用心するところであろう。

これと反対に、思わぬ反応があり、前のときとは雲泥の差であったなどのことがあれば、相手は非線型の可能性が強い。ただし、発作的な反応ではなく、こちらも思いあたるふしがなくては困る。

このような利け者を使うときの懸念は、その安定性の予測が困難なことである。いいかえると、いつ謀反を実行するかわからない。しかし、それはやむをえない副作用である。

正直者と利け者の力学的モデルから得た見解

正直者と利け者の力学的モデルが得られたら、複雑な社会現象の力学的モデルも可能なように思われようが、実はモデルが得られただけで、個々の刺激と反応はまだ求められていない。しかも、非線型現象だから、小さい入力から大きい入力にわたって研究する必要があるところが泣きどころである。

しかし、まったく力学では手がつかなかった人間性格を、ある程度モデル化できたところに意味がある。ここからスタートすることは可能だし、また有用である。

6　ごますりの力学——安定への似非協力者

ごますりという言葉には悪意がある。調子を合わせるという表現になると悪意は薄まっているけれども、完全に消えたわけではない。さらに、同調するとか、共鳴するとかいう用語になると、一転して好意的なニュアンスを含み、いわれても悪い気はしない。

いま問題にしようと思うのは、よい意味でも悪い意味でもひとからげにして似た内容と思われている、ごますり、調子を合わせる、同調、共鳴などの内容に、実は大差があることである。

まず相手はピッチやペース、すなわち気分の変動周期やゆさぶり間隔などを変えるにちがいない。これは工学で振動数（実は振動速さ）、あるいは振動周期（振動数の逆数、すなわち振動の波の時間間隔）というものである。

つぎに相手は、勢い、剣幕、気分変動の幅、ゆさぶりの大きさなどを変えるだろう。これは振幅といわれる専門用語に相当する。

まず、相手が影響力を及ぼし、こちらは受身にまわる場合から始めてみよう。このとき、相手のペース（振動数が小さく、周期は長い）がきわめてゆっくりしているときは、ちょうど老人の散歩に同伴するようなもので、完全に相手のペースに合わせていくことができる。すなわち、歩調の遅れはない。

このとき、こちらの歩幅は相手の歩幅と完全に一致する。これは、とくに歩幅を大きくする必要も、小さくする必要も感じないし、また、ゆっくりついていけるためである。

反対に、相手のペースが速くて忙しく、きわめてセカセカした場合を考えてみよう。このときの例は、演奏で指揮者がきわめてせわしく指揮棒を振っている場合がよい。こちらが指揮棒の動きに従って楽器を演奏しようとすると、もう振った指揮棒はもどってきて、反対側へいってしまう。それではというので、つぎの動作にとりかかると、また指揮棒はもどってきて、反対側へ通り抜ける。

このとき、こちらは指揮棒についていこうとする意思があり、動作の初動はあるけれども、出鼻をくじかれて初動だけに終わった。しかし、指揮棒がもどってきて反対側へいこうとする瞬間に、初動だけで終わった一側への行動は、こんどは反対側への初動となるけれども、これまた初動だけで終わる。

いいかえると、あまりにもペースの速い相手に追従しようとすると、同じペースの初動だけはたしかに発生するから、同じペースでうろうろするだけで、実働はさっぱりなくて、まず振幅ゼロという結果になる。

こちらも相手も同じペースでうろうろする混乱だけれども、こちらがいざスタートというときに相手の指揮棒はすでに一側にいってその出発点（同時にこちらの出発点）に返ってくるから、こちらは相手に半周期だけ出遅れることになる。ここで一周期というのは、相手の指揮棒が出発点をスタートして一側まで振りきり、出発点へもどって通過して、他側まで振りきって再び出発点へもどるまでの時間である。

ここで注意することは、こちらのほうもとにかく指揮棒についていこうとしてスタートし、まごまごしながらも指揮棒と同じ初動だけはするけれども、腰が上がらないということで、ペースだけは指揮棒と同じである。すなわち、周期は相手と一致している。ただし、こちらの振幅はほとんどゼロで、文字どおり、ついていけない結果になっている。この意味で、ついていけないということは、気だけは相手と同じペースで動いているが、相手の動作と半周期差、すなわち反対動作、指揮棒の例ならば、行きと帰りの差になるためである。相手の思惑と常に裏腹になったのではどうしたって追従などできるものではない。

つぎの場合として、相手のペースがこちらの身についたペースと同じときを考えてみよう。この例として、こちらがブランコに乗っていて、相手が押してくれる動作をとってみる。ブランコはこちらが適当と思う周期で揺れているとき、相手も同じ周期で手を前後に振って用意するにちがいない。そしてブランコに相手が手をかけるタイミングは、ブランコが相手の前まで振れてちょっと止まり、こちら側へもどる直前がもっとも適当であることはだれでも経験によって知っている。押す相手の手の動きは、ブランコに触れる瞬間で速度は最大であったほうが効果も最大である。それを、手の動きが止まった瞬間にブランコへ触れたのでは押すことにならない。すなわち、ブランコを押すタイミングは、相手の手が停止から最大速度に変化したときに、ちょうど最大速度から停止（転向）まで振ったブランコに触れる。

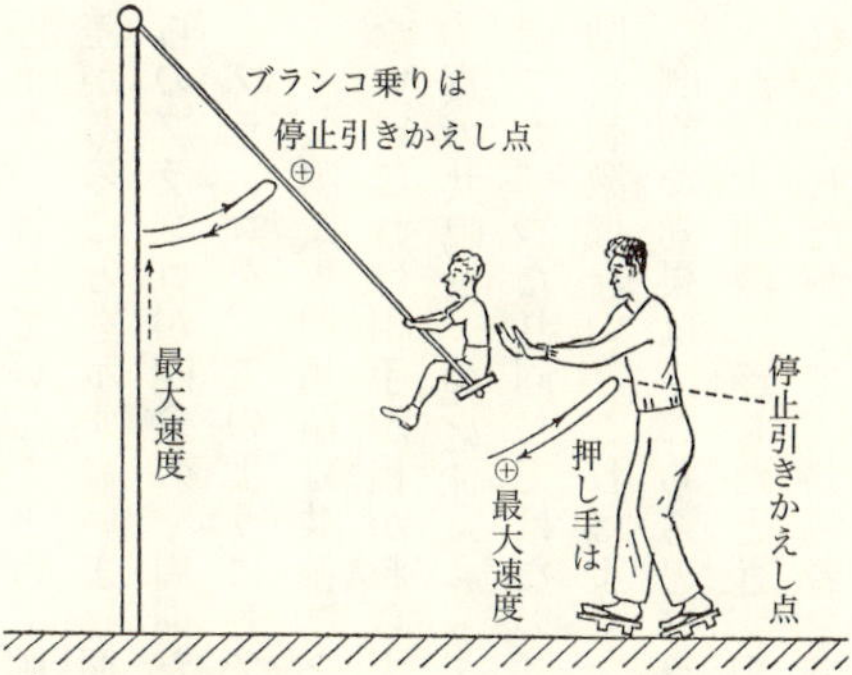

ブランコの最良の押し方

相手の手も、ブランコも、停止↓最大速度↓停止↓最大速度↓停止で一周期だから、最大速度と停止が一致していることは、両者の運動の様相（専門用語は位相）に四分の一周期の差があることを示す。いま、押している相手が主導権を握っているとするから、こちらのブランコが四分の一周期だけ遅れて追従していると考えるべきである。

ブランコを、このようにして押してもらったとき、振幅は天へ昇るほど増し、これこそ共鳴（専門用語は共振）というべき結果である。ただし、あくまで周期は変わらない。これは相手が相かわらず押してくれているためである。

真の共鳴は、先に述べた老人の散歩への同調のように、歩調（周期）も歩幅（振幅）もべったり同じではない。このとき、老人が静かにリードするように、劇的な激励や刺激はない。これはよくいえば同情、悪くいえばごますりである。

劇的な効果は、こちらのブランコが停止しかけたとき最大速度で押してくれ、こちらが最大速度に達したとき、相手は手を休めてつぎの押しの用意をする状態で発揮される。したがって、共鳴者を識別するには、こちらが最大速度で気分が高揚しているとき、あるいは、停止状態で意気消沈しているときの相手の態度の観察である。

真の共鳴者ならば、こちらが浮いているときは控えめにふるまい、こちらが沈んでいるときは温かい手をさしのべてくれるはずである。そんなことは当然だといわずに、冷たい力学でも同じことが発生すると考えるべきである。

残っている問題は、相手のペースと振幅が、こちらのペースから振幅までそっくりで、すこしも遅れのない場合である。もし、その相手のペースが極端にゆるいならば、相手は善意であって、こちらへ静かに応援してくれている同調者である。すくなくとも、こちらの振幅が減少しない程度に応援していることは確実である。いいかえると、振幅も同じ、ペースも同じ、遅れもない状態で応援してくれる方法は、きわめてゆっくりしたペース（周期が長い）でリードし、こちらもそれに合わせて協力する場合にかぎる。

普通のペースで応援してくれるときは、かならず四分の一周期だけこちらより先行し、こちらの振幅を増幅してくれるはずである。もし、その先行がなくて、なにからなにまでこちらとそっくりな応援はありえない。

前述のブランコの例をとるならば、相手はこちらのブランコと平行に動いているだけで、ときどき合いの手を入れるが、実はなんにもしていない調子者のしわざで、これこそごますりである。こんな状態でこちらのブランコを押すことは力学的に不可能であるから信用してはならない。もし、ごますりがブランコをつかんだとすれば、自分が停止するか、こちらを減速させるぐらいの結果にしかなるまい。それは応援者の行為ではなくて、模倣者にすぎない。

安定成長のためには多くの協力者を必要とするけれども、ごますりのような似非《えせ》協力者は百害あって一利もない。

ごますりの力学から得た見解

ごますり、調子を合わせる、同調、共鳴などの相互にあいまいな表現で、しかも結果としては重要な差のある行動を、力学的モデルを作ることによって厳密に区別できたことは収穫であった。もちろん、力学と人間的行動との対比には問題があるから、このとおりと断言はできないが、よく対応する点も多い。したがって、このような力学的モデルを作って一応結論した上で、さらに細部にわたって再検討し、必要ならば訂正変更をすれば、さらに興味のある内的反省が可能となる。

7　加速度の心理的効果――会社の慣性航法

正義は力であるという。似たようなニュアンスで、加速度は力であるということができる。フランスの数学物理学者ダランベールは、物体の質量に加速度をかけたものが、その加速度を発生させる外力に等しい（ニュートンの法則）ことから、物体の質量に加速度をかけたものを慣性力と呼び、それが外力と釣り合っていると考えた。

このことを機械的に考えると変なことになる。つまり、外力がはたらくと物体は加速、つまり静止していた物体は動き始めて速度を得るし、動いていた物体はなお速度を増す。このように加速すれば、ダランベールのいった慣性力が発生し、それは外力と大きさが等しく、方向は反対で釣り合うことになる。

外力と慣性力が釣り合ったら、もはや物体を動かす力はないと考えがちである。実際そんなふうに書いてあり、どういうわけだろうと疑問を感じた飛行機製作法入門書を、少年のときに読んだことがある。私も当時その疑問を解くことができなかった。

この疑問にはつぎのように説明すべきであろう。すなわち、外力がはたらけば物体

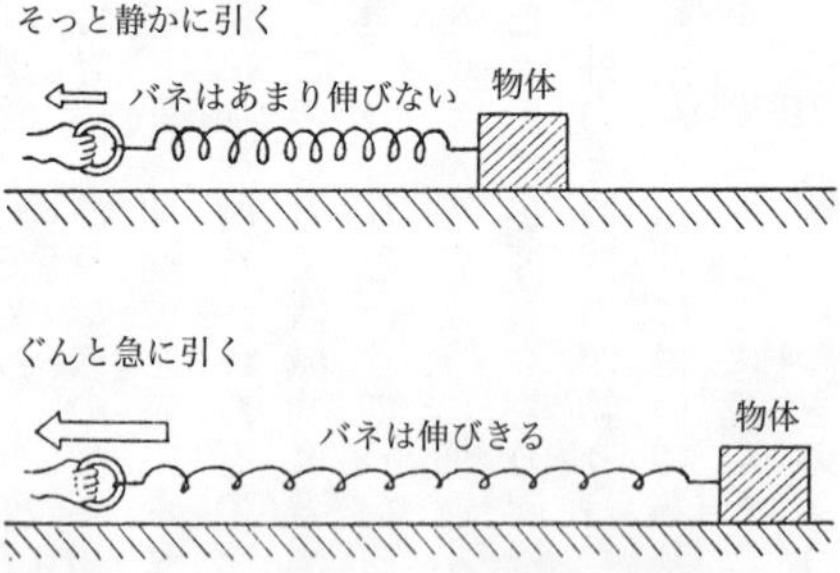

ダランベールの慣性力

は動き始め、加速度が発生し、慣性力と呼ばれるものが存在する。慣性力の実在は物体にゴムひもかバネをつけて引っぱるときに確認できる。ゴムひもは伸びるが、物体をそっと引っぱるときゴムひもの伸び量はほとんどゼロであるのに、物体をぐんと引っぱればゴムひもの伸び量はうんと増す。これは加速度がほとんどゼロと、ある大きさであることの差によるもので、ゴムひもを伸ばす力は加速度と物体質量の積、すなわち、物体を引っぱる外力と同じ大きさだが、向きは反対になる(物体を引く力と反対向きの力がないとゴムは伸びない)。これがダランベールの慣性力である。

慣性(惰性といってもよい)あるいは慣性力は物体の尻の重さともいうべきものであるが、単なる物体質量のほかに加速度に比例することに注意する必要がある。いまの例で、加速度がゼロ、すなわち物体が動き出してスピードがつき、物体を引っぱる力が空気抵抗や摩擦と釣り合って、ついにもうそれ以上スピードが増さなくなれば、慣性力はゼロとなり、ゴムひもの伸びもゼロとなる。これはちょっと不思議に感じられようけれども、たとえば列車の連結器が動き始めのときは緊張しているのに、一定スピードに達したときは、ぶらぶらして自由な状態になっていることからも知られる。もう加速度は消滅したから、慣性力もゼロである。

さて、このゴムひもの例からわかるように、慣性力の存在は疑いないものになったにもかかわらず、物体が現実に引っぱられていくところからすれば、どうも外力が慣性力に引きもどされて無力（文字どおり）となると考えたことは誤りであった。

よく考えてみると、慣性力は現状を維持しようとする保守勢力の抵抗のようなもので、外力が加わったときにはじめて姿を現すけれども、外力が消える（ほんとうに消えても、あるいは新しく第二、第三の外力が発生してこんどは相殺して消してもよい）と加速度は消滅し（ただし、それまでに得たスピードは存続する）、慣性力も同時に消滅することは前にも述べた。

日常よく見かける慣性力の実例は、電車の中のつり革の動きである。電車が発車して車輛が加速すると、つり革は後方へ傾き、電車がブレーキをかけて減速（マイナスの加速度）あるいは停車すると、つり革は前方へ傾く。電車が電動機の力とレール摩擦力の釣り合いによる外力さし引きゼロ状態に入り、加速度ゼロとなって一定速度に達すると、正直なもので、つり革はちゃんと真下に垂れて後傾は消える。つり革ばかりではなく、立っている乗客が後ろへのけぞったり、前へのめったりすることそれ自体が、慣性力の存在を身をもって経験するなによりの証拠である。

ダランベールはルイ十五世時代の貴婦人タンサン侯夫人とデトゥシュ・カノンという男の間にできた私生児で、捨て子になったが、ガラス職人の妻アランベールにひろわれて育てられたので、ジャン・ル・ロン・ダランベールという。慣性力の発見が彼の身の上と関係があったとも思えないが、なにかほろりとする運命であった。いずれにしても、ダランベールはすぐれた学者で、多くの業績がある。

加速度は慣性力を作るだけでなしに、きわめて有効な作用をもつようになった。それはドイツの第二次世界大戦中の地対地ミサイルＶ２に使われた慣性誘導法である。Ｖ２は加速度計（要するに電車のつり革的計測装置、つり革の傾角を測れば加速度の大きさがわかる）を装置してミサイルの加速度を測り、それを時間的に積分して速度を求めた。打ち上げたミサイルの姿勢を水平に対して四五度に保ち、ある速度まで加速すれば、想定の目標地点に到達する。加速度を積分して速度を求める（さらにもう一度積分すれば距離が得られる）誘導方式を慣性誘導法というのは、加速度を求めるときに慣性力を利用するからである。

Ｖ２の慣性誘導法は、さらにジャンボ機の慣性航法に発達した。これでは、東京国際空港を離陸してから、加速度により速度や距離を求めて、太平洋を横断してアメリカに到着するまで、いまどこの緯度経度の地点上を飛行中であるかを刻々に知りながら航行していく。

慣性誘導法（無人）も慣性航法（有人）も絶対有利なことは、加速度計一式（測定方向を安定させるジャイロおよび電子計算機）さえあれば、他からの一切の情報、たとえば無線信号などが不要であり、また、自身ではいかなる情報も、たとえばレーダー電波などを発射することなく、隠密（軍用）かつ自立（民間用）している点である。これ以上の誘導法はなく、終局的な航法といわれる理由はここにある。

ここで興味を覚えるのは、この慣性誘導法あるいは航法では、速度の変化率である加速度（減速度はマイナスの加速度）がもっとも重要な測定要素となることである。速度を測ることがむずかしい宇宙空間でも、加速度はかならず測ることができる。宇宙空間で速度を測ろうとしても、空気のない真空だから、風圧などを利用することができない。ところが、電車のつり革原理は宇宙船内でも応用できるから、加速度計は使えるのである。

いいかえると、環境に依存しない基本力学の原理に着目したものが慣性誘導法で、いまさらながらV2の開発指導者であったフォン・ブラウンの先見は尊敬に値する。もっとも、それを支えたものは当時のドイツのジャイロ技術であった。

外力が加速度を生じると同様に、加速度の成果である速度を減速するためには再び力が必要である。その力はどれだけ急に停止するか、すなわち、減速度の大きさによって定まり、減速度に比例して力は大きくなる。アポロ宇宙船は月から帰還して地球大気圏へ再突入し、空気の摩擦で減速したが、その地球脱出速度と同じ秒速一一キロメートルに減速したとき、減速度は重力加速度の六倍に達した。電車がブレーキをかけたために乗客らが前へのめる減速度による力（やはり慣性力という）は、柱などにかけた手にかかる具合から考えて、よほどひどくても五キログラムぐらい、つまり、体重の〇・一倍ぐらいである。

われわれの体重は地球重力の加速度により発生するのであるから、その六倍の減速度といえば、体重の六倍、宇宙飛行士は宇宙服を着て一〇〇キログラム以上の体重だから、六〇〇キログラムの力がかかることになる。宇宙船は宇宙飛行士が寝ている背面を前方として再突入するので、よほどしっかり座席に寝ていないと（腹面から背面の方向へ減速度が加わるから、背面が座席へ押しつけられる）身体に損傷を受ける。これが電車では、せいぜい地球重力加速度の〇・一倍の減速程度であるから、たいしたことはない。

さて、人間生活のよろこびの尺度は、具体的には生活水準の加速度ではないかと考える。生活水準は速度のようなもので、一度向上したらもはや慣れっこになってしまって、変化を感じない。加速度は速度が一秒間に増す率であるから、生活水準の加速度といえば、今年一年でいくら月給が上がったか、なにを新しく買ったかのたぐいである。

そんなことはあたりまえだという人が多いであろうが、もうちょっと考えてみよう。いまいったとおり、生活水準は速度のようなもので、他人と比較しないかぎり、自分の速度を知ることは不可能である。

中国の人たちの生活水準を例にとってみよう。多くの中国人は外国へ出ることができないから、自分の生活水準と外国の生活水準の比較はできない。つまり、真空状態の中にいるようなもので、自分の速度の測定は不可能である。ところが、革命以前の生活水準と現在の生活水準の比較、ならびにその後の毎年の生活水準の向上は確認でき、その毎年の向上率で現在の生活水準の高さを決定できる。これはちょうど加速度を測定し、積分（時間に対する積算）して速度を出す手法と同一である。

このために、中国ばかりでなく、ソ連はじめ東欧圏などでは毎年、前年との諸統計増加率を発表するにちがいない。つまり、これが加速度測定である。

他の自由圏諸国は、自由に外国を見られるし、情報も自由に入手できるから、生活水準の比較が可能で、いわば自己の速度測定ができるのである。したがって、たとえ生活水準が足踏み状態でも、また、よしんば生活水準がちょっとぐらい下がっても、外国と比べてまだ高いと心を慰めることが可能である。

ところが、ソ連や中国では生活水準の加速度が鈍ったり、ゼロになったり、さらには減速度が発生したときが問題である。明らかに生活水準が下がったと民衆が感知したとき、自由圏諸国も同じように下がっているのだと知らせても、平常から情報を自由に与えていないから、なかなか承知しないであろう。

もっとも、こんなことは知識階級で騒ぐことが多く、一般大衆はそのように懐疑的ではない。しかし、支配者が生活水準の加速度減速度にきわめて敏感であることは当然である。したがってスポーツのように、明らかに比較でき、かつ無害な情報は即刻公知させることが望ましく、そのために政府は熱を入れて奨励に努めている。

会社の経営の内幕も、ある意味ではソ連や中国と似ている。いくらなんでも完全な情報公開ができないことは、会社も同じだろうから、比較が困難であることもほぼ同じである。それではやむをえないから、慣性航法に近いことをやるより方法がない。

加速しているときは調子がよい。慣性力を引きずりながら突進していくので、文字どおり張り切り（ゴムひもの例を見よ）、それだけ余裕をもって経営することができる。気をつけることは勇み足、すなわち、加速度をつけすぎて土俵の外へ踏み出すことぐらいである。

ただ、問題になるのは減速が始まったときである。推進力が鈍り、あるいは外部からの抵抗力だけが残って、会社が刻々と減速しているとき、急速減速は、たとえ完全停止でなくても、前へのめる慣性力で致命傷を受けることになる。これはちょうどアポロ宇宙船で、重力加速度の六倍、これを六G（Gは重力加速度の意味）というが、それ以上で人間は重大な損傷を受ける危険があるから制限した値を越えるようなことになる。

加速度は後ろから引かれる慣性力を発生させ、それを振り切って進む勇壮なスタイルだが、減速度は後ろから押される慣性力を発生させ、わかっていながら待ちかまえた奈落の底へ飛びこむ運命が待っている。減速における危険は、それまで加速を続けてきた場合においてとくに著しいであろう。いままで振り切りスタイルでやってきた癖が抜けないまま減速期に入ると、なにごとも惰性がついているから、よほど抑制をしないと前へのめってしまう。

これはちょうど電車に乗っていて、発車後に加速していたかと思ったら突然急ブレーキがかかって著しい減速度が発生したとき、どんな人でも前へのめり、ガラス窓に手をついてけがをするようなことになるのと同じである。相撲にある勇み足はこんなときに発生するのではないかと思う。すなわち、押しに押して加速してきた力士が、がっぷりと受け止められて減速され、つい足だけは先行しすぎる場合である。もう一つの場合は、反対に押され押されて減速して（自分の背面に向かって加速度がつく）、あるところで「えいっ」と踏んばると、それまでの惰性で足だけは後方へ退行しすぎて土俵外へ出る。相撲にかぎらず、力わざ勝負で加速と減速を繰り返してタイミングを狂わせ、あるいは狂わせられるケースはきわめて多い。

このことを別の観点から眺めると、加速度の時間的変化（マイナスの加速度である減速度に変わる場合も含み）は、自動車などの乗り心地であるといわれるとおり、タイミングを狂わせるほど心理的に影響を及ぼすいやらしい要因であるといえる。加速度、減速度は力であるから、繰り返す力を受けて心身ともにへとへとになると考えるべきである。

これは運動だけの問題でなしに、人間の精神に対してもあてはまるにちがいない。吉報を与えておいて、一転して大兇報を知らせる心理的ゆさぶり戦術などは、なにか実例がありそうである。金属材料ですら、繰り返し負荷（引っ張りと圧縮、上曲げと下曲げ、右ねじりと左ねじりなど）をかけると、一方的な負荷より低い値のところで破断する。まして金属より弱い人間では、当然、挫折は早かろう。

加速度の心理的効果を調べて得た見解

加速度を力学的に検討して、ダランベールの慣性力を知ったが、その理解はこの物理学者の生い立ちのように人間性をゆさぶるものであった。すなわち、加速度は力であった。普通には加速度を速度の増しかたと教えて、いわばスピードアップのテンポぐらいにしか説明していない。ところが加速度は力であった。マイナスの加速度である減速度はマイナスの力で、個人、会社、社会の進展につれて大きい影響力を発揮する。したがって、加速度、減速度を利用した最終的で極限的な慣性航法を一般政治経済に応用する可能性は十分な検討に値する。

8　多段ロケットの脱皮——安定成長への一路

多段ロケットというのは、個々のロケットをいくつか連結して打ち上げ、燃焼を終えた分から、エンジン、燃料（正しくは燃料と酸化剤を併せて推進剤と呼ぶ）タンク、それらを収容する構造部分まで含めて宇宙（低空からは海上へ）へ投下して飛ぶものである。

分離投下する順序は、下から上へ、あるいは後ろから前へ及ぶが、これはロケットエンジンが直下あるいは直後へ排気を噴くためである。ただし、ロケットによっては第一段と同時にブースタ（増力）ロケットを点火し、早く燃えきったブースタを分離投下するものもある。ブースタロケットは通常複数で、第一段ロケットのまわりに結束（クラスターという）しておくのが普通である。ブースタロケットを使う理由は、第一段の推力を増強するためで、既製の第一段を使いながらミッション（任務）性能向上の弾力性をもたせることができる。

さて、なぜ燃焼終了のロケットを分離投下するかというと、もちろん、重量軽減のためである。ロケットが宇宙飛行しているときは無重量状態というけれども、質量はあるから、加速するときに用ずみロケットは足手まといになって損である。したがって、いままでの増速に功績があった下段ロケットを、上段ロケットはいわば涙を呑んで投棄する場面となる。

だれでも一応考えることは、せっかく打ち上げてから棄てるだけの重量を燃料として積んだら、もっと上昇できるのではないかとの疑問である。しかし、もうすこし考えてみると、これは力学的に誤っていることがわかる。

なぜかというと、最下段の第一段だけで上昇していくと、燃料はだんだん減ってくるけれども、燃料タンクは小さくならないから、空所をもったまま飛んでいることになる。これは損だから、飛行機の落下タンクのように、中の燃料を使い果たしたら棄てればよさそうである。ところが、ロケットの燃料タンクは構造的に茶筒のようになり、ロケット全体を構成する重要部なので、燃料を消費するにつれて小割りにしてタンクだけを棄てていくことはむずかしい。

燃料タンクだけを棄てるよりも、エンジンや付属装置一切を含めて棄てることで、つぎの上段では軽くなり、同時にスピードもついているので、エンジンとしてはもはや小さい推力ですみ、新規まき直し状態で運航しようとするのが、多段ロケットの基

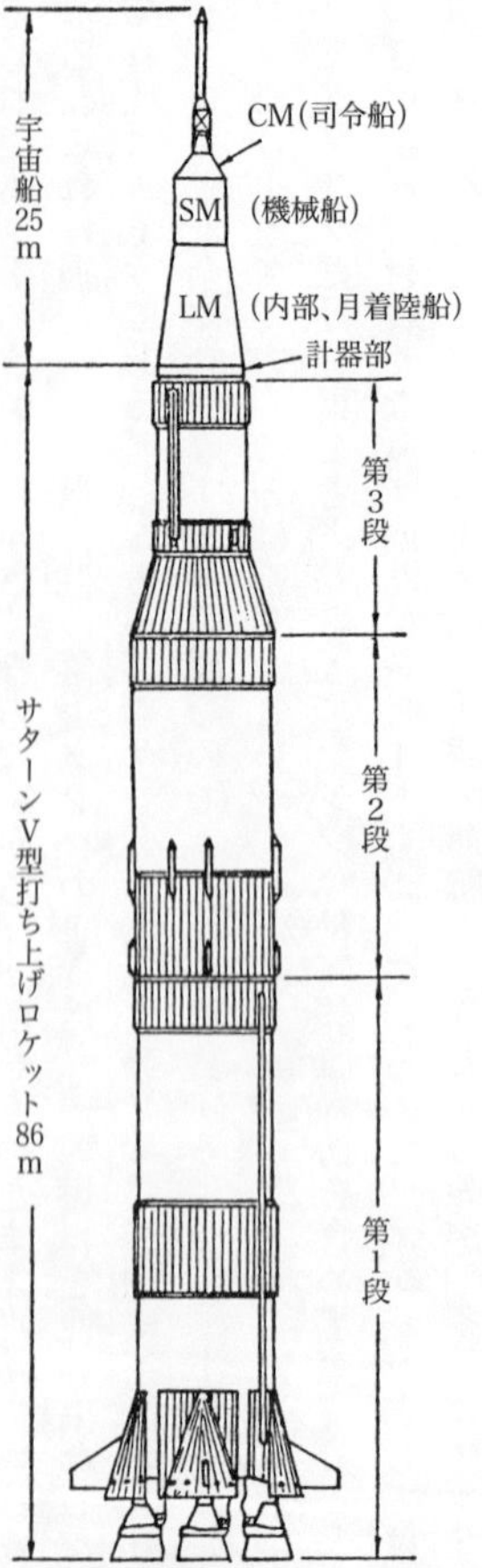

アポロ宇宙船とサターンV型打ち上げロケット

本理念である。

第一段ロケットを切り離すのは、低空で空気抵抗を減らすためと考えられがちだが、アポロ宇宙船を打ち上げたサターンV型ロケットでは、第一段が切り離されて第二段が代わって点火する高度は七万二〇〇〇メートルで、もはや難関は突破した後である。第一段の最大難関、すなわち、最大空気抵抗は高度一万二〇〇〇メートルで発生するから、第一段はここを切り抜け、なおも高度七万メートルまで上昇してはじめて切り離されて第二段にバトンタッチし、その後二〇〇〇メートル上昇した後に第二段エンジンが点火する。

多段ロケットの思想はいろいろな意味で暗示がある。サターンV型の場合、第二、第三段のエンジンや構造材料の重量だけ燃料にして、それぞれの燃料はそのまま使って第一段を運転したら得ではないかとだれでも考える。一般的にはすでに述べたが、とくにサターンV型の場合は、つぎの三個の理由でかえって不利である。

(1)　第一段と第二、第三段の燃料がちがう。第一段は灯油と液体酸素、第二、第三段は液体水素と液体酸素で高性能である。第一段もこの高性能燃料で運転しようとすると、密度の小さい（水の十四分の一）液体水素タンクが膨大な大きさとなって空気抵抗が増すためにきわめて不利なロケットとなる。

(2)　ロケットの重量が軽くなり、スピードを増したため、必要推力が小さくなっても、ロケットエンジンは推力を絞って小さくできない。無理に絞れば（燃料の供給を小さくして）燃料不安定となって停止する。

(3)　第一段の空虚重量（燃料を除いた重量）は第二段にとって大きく（第二段総重量の約二七パーセント）、さらに第二段の空虚重量は第三段にとって大きい（第三段総重量の約三一パーセント）けれども、第二、第三段の空虚重量は第一段総重量のそれぞれ一・六パーセント、〇・五パーセントにすぎない。

これらのことで(1)は明瞭である。(2)については、それなら第一段エンジンを全力運転したらよかろうということになるけれども、最後の精密推力調整などには不便である。さらに(3)からはさらに、第一、第二段を燃え切り後に棄てると、第二、第三にとって加速条件はきわめてよくなることがわかる。つぎに、第二、第三段のエンジンや構造重量を燃料に換えたところで（実は第二、第三段の燃料も第一段用に換える必要がある）、得るところはわずかであることがわかる。

このためにサターンV型をはじめ、現在使われている長距離あるいは宇宙ロケット全部は多段方式である。もちろん、過ぎたるは猶《なお》及ばざるがごとしの諺のとおり、せいぜいが三段か四段がよいところで、それ以上に多段とすればかえって不利となる。純粋な理屈からすれば、燃料を使うにつれて一刻も早く不要部分を棄てるべきで、鳥が飛びながらウンコをしているのはこの実践にほかならない。

ここで問題となるのは、いつ、どんなタイミングで分離すべきかである。ロケットと同じように、無限多段分割は不可能であるし、また損である。

サターンV型では、第一段総重量二二八〇トン（空虚重量一三一トン、総重量のわずか五・七パーセント）、推力三四七〇トンに対し、第二段総重量四八〇トン（空虚重量三六トン、総重量の七・五パーセント）、推力五二七トン、第三段総重量一一八トン（空虚重量一一トン、総重量の九・三パーセント）、推力九三トンの割合である。これを総重量配分にすると、第一、第二、第三段は十九対四対一、推力配分にすると三十七対六対一となる。

これらの配分で、推力のほうが総重量に比べ第一段に対して著しく重点的になっている理由は、第一段が重力に逆らって垂直に打ち上げ、かつ、低空の空気抵抗を圧服して上昇するのに対し、第二、第三段は斜め、あるいは水平になった状態で、かつ、真空中で加速するからである。現に第三段では、推力が総重量より小さいから、初期には推力だけでロケットを上昇させることはできないが、ロケットはもはや水平になっているから、加速は可能である。

実はこのサターンV型第三段の推力が総重量より小さい事実が、端的に多段ロケットの必要性を証明する。すなわち、もはや第三段（およびアポロ宇宙船）を地球重力に逆らって持ち上げる必要のない状態にしてくれた恩人ともいうべきものが第一段および第二段ロケットである。第三段はもはや完全に人工衛星となっていて、その上に積んであるアポロ宇宙船（重量四九トン）もろとも、軌道周回による遠心力が地球重力と釣り合っている。すなわち、もはや重力に逆らう必要はなく、あとはただ月へ向かうためのスピードアップをすればよい。

遠心力と重力が釣り合っている（無重量状態）から、それらと直角に（第三段ロケット）エンジンを吹かせれば推力が発生してスピードはつく。ただし、重量はなくても質量は物体に固有のものとして存在するから、すぐにスピードはつかない。質量は物体の尻の重さで、大きい質量（数字上は重量と同じ、重量は質量の表示、すなわち正札である）をもつ物体ほどスピードアップに時間がかかるけれども、推力が作用するかぎりスピードが増すことはたしかである。

無重量状態とは、いまのように遠心力と重力が釣り合ったときのほかに、たとえば人間（物体でもよい）が自由に落下しているときとか、反対に跳ね飛ばされている間にも発生する。なにも人間の体重を受け止めるものが存在しないから（空気抵抗はわずかとして、いまは考えない）、人間は体重を感じない。

これは人間を箱の中に入れて落としても、放り上げても同じである。重力は人間にも箱にも同じようにかかり、軽い人間でも重い箱でも、ガリレイのピサの斜塔実験のように、同じ速度で落ち、同じ速度で放り上げられる。箱はけっして人間を支えてはくれないから、宇宙船の中と同じように体重は感じない。

ただし、ロケットエンジンを吹かして、宇宙船を推進するときは別で、推力は宇宙船だけにかかり、人間にはかからないから、人間は慣性力によって推力と反対方向に押しつけられ、そちらへ足を向けて寝ていたら体重と似た力を足に感じる。

さて、無重量状態では重量はないが、質量はあるから、人間が力をかけても物体はすぐ動くとはかぎらない。軽い鉛筆ならば宇宙船の中で浮いていて、顔にあたってもけがはしないけれども、重い道具箱などが浮いているのにぶつかったら負傷する。

このように長々と述べたのは、推力と重量の関係を明らかにしたいためである。ロケットの上段は、第一段によって楽な無重量状態あるいはそれに近い状態になり、推力は小さくてすむようになる。すなわち、多段ロケットはちょうど親の恩のようなもので、第一段によって第三段は人工衛星の軌道へ入れてもらい、もはや自分の重量を持ち上げる労苦を必要とせず、ただ月へ向かう速度を形成すればよい。第二段はその中間段階である。

さりとて過保護の親のように、第三段のぶんまで第一段が月飛行へ向かって速度を作ってやろうとすれば、もはや燃料は使い果たし、また残っていたところで老残の大きい身体を動かすには足りない。したがって、孫（第三段）に分配した燃料で、小まわりの利く運動をさせ、あとに残された月飛行への道を自分で急いでもらうといったところであろう。

多段ロケットは、一見非情に思われる。それは恩人、親、協力者などを冷酷に切り捨てていくかにみえるからである。ところが、よく考えてみると、第一段が燃料を消費するにつれてしだいに身軽になると、加速度は増さなくてもよいから燃料消費を減らそうとするのが自然で、もう大部分が空になった燃料タンクと大きすぎるエンジンその他を思いきって捨てて、新構想でということになる。

サターンV型の数字のように、これは事実であり、ほかの理論計算でも多段ロケットは一段ロケットより高性能、多くの場合に一段ロケットでは不可能な任務を果たす。多段ロケットは一種の脱皮であるが、それが有利な理由は、ロケットエンジン、構造、燃料タンクなどの重量に比べて、燃料重量が十倍近くあるロケットの特殊事情のためである。これは固定設備に比べて、人件費だけがべらぼうにかさむ業種などと連想できる。こんなとき、事業整理が固定設備にこだわってはならないであろう。

多段ロケットが脱皮である以上、その進展のためには、恩人も、親も、協力者も、マンネリズムを投棄するため、身を捨ててこそ浮かぶ瀬がある。そしてはじめて月旅行へ突進するに似た安定成長の道が開ける。

多段ロケットの力学から得た見解

力学などは実社会と別物と考える思想はすでに古く、社会工学というような学問が現実に存在する。したがって、多段ロケットの力学を個人、会社、社会の進展と安定に応用して悪い理由は一つもない。ただ、単なる比喩のような文学的な使用は危険で、あくまで力学として考察すべきである。この意味で多段ロケットの力学が十分に検討すべきである理由は、それが一見冷酷であり、ドライであり、近代的なためである。ここに安定成長を求めるときのモラルと戦略がある。

あとがき

書き終わってから気にかかることが一つある。それは本文でも述べたが、失速についてである。失速は英語でストール（stall）、すなわち、立ち往生の意味が正しく、日本語の語意では単なる減速ととられる恐れがあって、緊迫感に乏しい。

正しい意味の失速は破局、すなわち、カタストロフィで、これと本書で指摘した単純な不安定と区別する必要がある。単純な不安定ならば操縦あるいは制御によって処理できるが、失速状態に入ったら舵はほとんど利かなくなる。

失速に対処する方法は二つある。一つは、それに入らないようにすること（当然のことだが）、もう一つは、入ってしまったら利かない舵を使ってあせることをやめ、舵はすべて中立状態へもどし、機種が下がってやがてスピードがつくまで待ち、そこで利いてくるであろう舵を使って機首を立て直して失速状態から脱出する。

これはパイロットの沈着な行動と、ある程度の高度が必要で、いくら熟練したパイロットでも、低空で機体を失速させたら、生きのびる可能性もまた低い。

歴史において、大英帝国はナチスドイツという突風にあって失速した。広大な植民地の原動力を失っては、第二次世界大戦後にいくら舵を操作してみても脱出は不可能であった。そのとき、すべての舵を中立状態（これは放任ではなく、失速に入った要因の除去を意味する）にして、スピードの回復を待つ政策をとらなかったような気がしてならない。

いまの日本も失速寸前の状態にある思いがする。これは単なる不安定とちがって、事は重大である。このとき、どんな舵を使うか、あるいは使わないか、その決断は責任ある人たちが実行すべき問題であるけれども、もし、この小著がなんらかの意味でヒントを与えることができたら、これ以上の幸いはない。

一九七七年三月十日

本書の原本は、一九七七年、ダイヤモンド社から刊行されました。

佐貫亦男（さぬき　またお）

1908～1997。東京帝国大学工学部航空学科卒業。東京大学教授，日本大学教授を務め，航空宇宙評論家，エッセイストとしても知られる。専攻は航空宇宙工学。著書に『引力とのたたかい』『ヒコーキの心』『人間航空史』『設計からの発想』『発想の航空史』『進化の設計』など多数。

講談社学術文庫

定価はカバーに表示してあります。

不《ふ》安定《あんてい》からの発想《はつそう》

佐《さ》貫《ぬき》亦《また》男《お》

2010年10月12日　第1刷発行
2017年11月21日　第5刷発行

発行者　鈴木　哲
発行所　株式会社講談社
東京都文京区音羽 2-12-21 〒112-8001
電話　編集（03）5395-3512
販売（03）5395-4415
業務（03）5395-3615

装　幀　蟹江征治
印　刷　株式会社廣済堂
製　本　株式会社国宝社
本文データ制作　講談社デジタル製作

ISBN978-4-06-292019-3

「講談社学術文庫」の刊行に当たって

これは、学術をポケットに入れることをモットーとして生まれた文庫である。学術は少年の心を養い、成年の心を満たす。その学術がポケットにはいる形で、万人のものになることは、生涯教育をうたう現代の理想である。

こうした考え方は、学術を巨大な城のように見る世間の常識に反するかもしれない。また、一部の人たちからは、学術の権威をおとすものと非難されるかもしれない。しかし、それはいずれも学術の新しい在り方を解しないものといわざるをえない。

学術は、まず魔術への挑戦から始まった。やがて、いわゆる常識をつぎつぎに改めていった。学術の権威は、幾百年、幾千年にわたる、苦しい戦いの成果である。こうしてきずきあげられた城が、一見して近づきがたいものにうつるのは、そのためである。しかし、学術の権威を、その形の上だけで判断してはならない。その生成のあとをかえりみれば、その根は常に人々の生活の中にあった。学術が大きな力たりうるのはそのためであって、生活をはなれた学術は、どこにもない。

開かれた社会といわれる現代にとって、これはまったく自明である。生活と学術との間に、もし距離があるとすれば、何をおいてもこれを埋めねばならない。もしこの距離が形の上の迷信からきているとすれば、その迷信をうち破らねばならぬ。

学術文庫は、内外の迷信を打破し、学術のために新しい天地をひらく意図をもって生まれた。文庫という小さい形と、学術という壮大な城とが、完全に両立するためには、なおいくらかの時を必要とするであろう。しかし、学術をポケットにした社会が、人間の生活にとってより豊かな社会であることは、たしかである。そうした社会の実現のために、文庫の世界に新しいジャンルを加えることができれば幸いである。

一九七六年六月

野間省一